沈阳故宫文溯阁修缮工程报告

李声能　于明霞

———— 编著

Report on conservation work
of Wensu Pavilion of Shenyang
Imperial Palace

北方联合出版传媒（集团）股份有限公司
辽宁科学技术出版社

图书在版编目（CIP）数据

沈阳故宫文溯阁修缮工程报告 / 李声能，于明霞编著 . — 沈阳 : 辽宁
科学技术出版社，2024.12
ISBN 978-7-5591-3320-5

Ⅰ . ①沈… Ⅱ . ①李… ②于… Ⅲ . ①故宫博物院—藏书楼—古建筑—
修缮加固—工程报告—沈阳 Ⅳ . ① TU-87

中国国家版本馆 CIP 数据核字（2023）第 222371 号

出版发行：辽宁科学技术出版社
　　　　　（地址：沈阳市和平区十一纬路 25 号　邮编：110003）
印　刷　者：沈阳丰泽彩色包装印刷有限公司
经　销　者：各地新华书店
幅面尺寸：210 毫米 ×285 毫米
印　　张：12.75
字　　数：265 千字
出版时间：2024 年 12 月第 1 版
印刷时间：2024 年 12 月第 1 次印刷
责任编辑：杜丙旭　沈子臣
封面设计：郭芷夷　代明珠
版式设计：郭芷夷
责任校对：王玉宝

书　　号：ISBN 978-7-5591-3320-5
定　　价：198.00 元

编辑电话：024-23280272
邮购热线：024-23284502

编委名单

孟繁涛　郑庆伟　李声能　于明霞　苏　阳　杨　阳　尚文举　刘巧辰

撰稿名单

李声能　于明霞　李建华　尚文举　刘巧辰　蔡　琳　王　作

陶奕名　温淑萍　祁天智　鞠佳君　庄　策　李大鹏

前　言

　　乾隆三十七年（1772），清高宗弘历颁诏广收天下书籍，编纂《四库全书》，历经十余年，经过4000余人的艰辛努力，逾36000册、卷帙浩繁的《四库全书》基本告成。这是一部体量超越明《永乐大典》的中国文化史上的又一巨作，堪为人类文明的重要创举。

　　书成之前，清高宗弘历先后谕令仿宁波著名藏书楼天一阁之制，在北京紫禁城、圆明园、承德避暑山庄、盛京旧宫建设了文渊阁、文源阁、文津阁、文溯阁（又称"北四阁""内廷四阁"），在镇江、扬州、杭州兴建了文宗阁、文汇阁、文澜阁（又称"南三阁"）用以贮藏分抄七部的《四库全书》。时至今日，七阁所藏之书因太平天国运动、英法联军之战火、纵火等晚清磨难，书阁、书籍损毁过半，幸存之阁、书也均已书阁分离，难睹旧貌。沈阳故宫文溯阁所藏《四库全书》先调入北京，后迁于黑龙江边陲，最终侨居兰州，于沈阳故宫三入三出，饱受颠沛，实为沈阳文化之憾事。

　　清乾隆四十七年（1782）为于陪都贮藏《四库全书》《古今图书集成》之事，清高宗弘历差荣柱携内府库银七万两，赴盛京营建文溯阁。在此之前，为筹备四十八年（1783）东巡谒陵，清高宗弘历已先期差人就北京至盛京沿途驻跸设置进行丈量，同时对文溯阁建造加以测量、设计，选定盛京宫殿之西，原入关前所建皇太极第五子硕塞王府的区位上营建文溯阁及其附属建筑群，历时近两年，文溯阁并碑亭，以及嘉荫堂、仰熙斋、九间殿、戏台等诸建筑告竣，即为今沈阳故宫西路建筑群。

　　从乾隆四十七年（1972年）末开始，抄录完毕的《四库全书》及《古今图书集成》在文溯阁工程尚未竣工之时，便自京师起运，分五批陆续运抵盛京，与之一同运到盛京宫殿的，还包括宝座、屏风、陈设、文房等大量文溯阁必备的陈设品，力图在翌年皇帝东巡前安设完备，以致其匾额失度，内务府亦无暇重造，传为宫殿逸闻。清高宗弘历东巡驻跸盛京宫殿期间，于文溯阁阅书并题《题文溯阁》一诗，云"京国略欣渊已汇，陪都今次溯其初"。之后，清仁宗颙琰援例行东巡盛京之际，亦援其父之制，于文溯阁观书并留诗赋。

　　文溯阁的营建，虽为皇帝东巡盛京阅览之便，充陪都制度之实，客观上也抬升了沈阳城市的文化地位，带动了沈阳官方、民间藏书、读书的社会风尚，为沈阳这座清代肇兴之地留存了丰厚的文化遗产。虽然目前书阁天各一方，书未还阁，但其独特的建筑形制仍然成为沈阳故宫这座历时一百六十余年不断累积营建宫殿的重要组成部分，也同时成为清代极盛时期建造的"七阁"现今为数不多的留存之一，历史、艺术、科技价值极高，弥足珍贵。

文溯阁竣工已近二百四十年，作为沈阳故宫最后建成的宫殿建筑，文溯阁建筑组群整体保存较好，附属建筑也相对完整，因此历史上对其展开的修缮次数并不多，每次修缮内容也较为单一；规模较大的，发生在嘉庆二十二年（1817）。在这次为解决文溯阁檐头渗漏工程中，按档案记载，当时参与修缮的奉天提督学政衙门借此次施工之机，将阁内全书移出至嘉荫堂、九间殿等处，对书函进行了细致查验，并开列了损伤清单，而对不便移动的格架予以就地保护，工部与奉天提督学政衙门统筹协作得当，事前准备周详，工程保护周全，书函查验双方"监发监收"，存放有序，"挨次排列藏贮，毫无紊乱磕损"[1]，堪称沈阳故宫建筑维修史上最具有代表性的一次修缮。尽管如此，由于中国传统木构建筑的易腐老化的特性，日积月累使其不可避免地遭受到了各种病害侵蚀，影响美观与安全。为保护古建筑安全，减缓其衰老，对文溯阁必要的针对性维护修缮势在必行。

文溯阁修缮工程，是基于对文溯阁及碑亭日常监测巡视的情况汇总而提出的。此前，在2003年、2008年分别针对文溯阁屋面以及油饰开展相应保养整修工作，以解决外观问题。在后期的日常监测巡视过程中，发现经年久风化，瓦面夹垄灰脱落、长草，地仗油饰呈龟裂起甲等状态。此后，沈阳故宫博物院分别与天津大学联合开展文溯阁结构研究，对文溯阁结构问题采取现状的研究分析。2012年，我院委托辽宁省文物保护中心赴文溯阁现场，展开初步的前期勘察，如实记录残损现状；同时，沈阳故宫博物院积极申报文溯阁修缮工程立项。2014年3月，向国家文物局申请立项，申报修缮内容包含文溯阁及碑亭屋面修缮、大木结构整修及地仗油饰等。2014年6月，该工程获国家文物局批准立项。随后，我院委托文物保护勘察设计单位按照批复意见于2015年初完成方案编制上报，6月该方案获批复；2015年11

1.杨丰陌、赵焕林、佟悦主编：《盛京皇宫和关外三陵档案》辽宁民族出版社，第144页，2003年。

月，补充方案依照方案批复意见完整修改，并由辽宁省文物局核准。在 2017 年历经资金评审、招标采购等程序之后，2018 年 3 月开工，进入施工阶段；同年 9 月工程告竣。在完成工程初步验收后，2021 年 11 月完成竣工验收，验收合格。

　　为如实记录修缮过程，为以后留下翔实资料，特组织人员收集文溯阁相关历史信息、修缮工程之档案信息整理出版，以推动沈阳故宫博物院的古建筑修缮和研究工作进一步丰富深入。随着《沈阳故宫地下排水系统改造工程实录》《沈阳故宫西所抄手游廊修缮工程报告》《沈阳故宫左右翊门抢险维修工程报告》的相继出版，逐步形成古建筑重点修缮工程报告系列，汇涓成流，聚沙成塔，自成一体，为后世保留更为翔实的古建筑本体的历史和技术辅助信息。

于明霞

目　录

第一章　文溯阁历史沿革

一、敕修《四库全书》

《四库全书》是我国古代规模最大、卷帙最多的一部综合性丛书，以经、史、子、集为四大部，保存了清乾隆时期以前的很多重要典籍，是中华民族历史文化遗产的重要组成部分。它内容丰富，门类齐全，几乎囊括了清乾隆时期以前中国历史上主要的典籍，被人们推崇为古代典籍的总汇，传统文化的渊薮。

《四库全书》的全部纂修过程，是在清高宗乾隆皇帝[1]的直接控制下进行的。乾隆三十六年（1771）年五月，清廷专门设立《四库全书》编撰馆，总撰官纪昀、陆锡熊、孙士毅，总校官陆费墀负责主要工作，千余人参加整理、抄录、校对、装订，历时十余载成书。乾隆皇帝"每进一编，必经亲览，宏纲巨目，悉察天裁，定千载之是非，决百家之疑似"[2]，直至书成及庋藏。

1. 《四库全书》纂修的背景

随着中国封建社会的发展，统治者愈加重视对臣民的思想控制，从宣扬"君权神授"到推行宗教、焚书坑儒、实行法制、崇尚儒学等，以达到巩固政治统治的目的。清朝作为我国最后一个封建王朝，到乾隆时期，政治稳定、经济发展，为文化事业的发展奠定了良好的基础，同时，对士人的思想控制也渐趋加强，于是大兴"文字狱"、开展禁书运动。

乾隆初年，学者周永年提出所谓的"儒藏说"，即将儒家经典著作加以集中，并供人借阅，广泛宣传，以得到世人的响应。此说正符合了乾隆皇帝对士人思想控制的需求。到乾隆三十七年（1772）正月，乾隆帝颁发了征书谕旨。

在征书和整理过程中，安徽学政朱筠在校

---

1. 即为爱新觉罗·弘历。其在位期间年号为乾隆，谥号为清高宗纯皇帝，简称为高宗皇帝，故本书所称'乾隆皇帝''高宗皇帝'均为爱新觉罗·弘历。
2. 《清太宗实录》卷五一。

阅《永乐大典》时发现古本并不完整，因此，向乾隆皇帝奏请在全国范围内搜集图书，以"借稽古崇文之名，蹈寓禁于征之实"。于是，《永乐大典》的辑佚便成为《四库全书》编纂的直接起因。

乾隆三十八年（1773）三月二十八日，乾隆皇帝发谕旨，与征书活动结合起来，并具体而又明确地表明编纂《四库全书》的方法，"择其醇备者付梓流传，余亦录存汇辑"，与各省所采及武英殿所有官刻诸书，统按经、史、子、集编定目录，命为"四库全书"。[1]之后，《四库全书》的编纂活动轰轰烈烈地展开了。

2.《四库全书》的编纂过程

《四库全书》的编纂，经历征集、整理、抄写、校对等多个环节，规模浩大，历史罕见。

在书籍的征集方面，早在乾隆三十七年（1772）正月的征书过程中，乾隆皇帝就下谕旨确定了具体方法。一方面，在市面购买的书籍，规定根据购书数量，统一核价。另一方面，对于私人藏书，如果是雕版尚存的刊刻本，则进行官印；如果是手抄本，先缮写副本，再将原书还给藏书家。同时，为避免各省所搜集的图书卷帙太多，不加甄别地全部呈送，乾隆皇帝要求各省督抚"先将各书叙列目录，著系某朝某人所著，具折奏闻，候汇齐后令廷臣检核，有堪备阅者，再开单行知取进"[2]。经过各地督抚大力访求，藏书家亦踊跃进献。至乾隆四十三年（1778）八月，征书活动全部结束。集书成果显著，各种珍本秘籍聚集一堂。

在《四库全书》的编纂过程中，乾隆皇帝也事无巨细必亲自过问，上至编纂体例，下至一字一句的厘定，无不慎重从事。乾隆皇帝对于编纂工作，凡事都要亲自"笔削权衡，务求精当，使纲举目张，体裁醇备，足为万世法程，即后之好为论辨者，亦无从置议，方为尽善"[3]。谕定《四库全书》体裁在编辑《四库全书》之初，乾隆皇帝就已表明，"从来四库书目，以经、史、子、集为纲领，衮辑分储，实古今不易之法"。[4]乾隆皇帝的这一谕旨就规定了编纂《四库全书》的体裁和所遵循的分类方法，即经、史、子、集四部分类法。

此外，乾隆皇帝不断下令临时纂修各种书籍，并直接授意对某些书籍进行改纂增补。他作为清朝最高统治者，站在统治阶级的立场上作了一些维护其利益的决策，使得《四库全书》的内容有些不完美之处。例如，在乾隆五十二年（1787）三月，乾隆皇帝翻阅《四库全书》处进呈的续缮三份全书，发现"李清所撰《诸史同异录》书内，称我朝世祖章皇帝与明崇祯四事相同，妄诞不经，阅之殊甚骇异。李清系明季职官，当明社沦亡，不能捐躯殉节，在本朝食毛践土，已阅多年，乃敢妄逞臆说，任意比拟。设其人尚在，必当立正刑诛，用彰宪典。今其身既幸逃显戮，其所著书籍悖妄之处，自应搜查销毁，以杜邪说而正人心"，命令"所有四阁陈设之本及续办三分书内，俱著掣出销毁，其《总目提要》亦著一体查删"。[5]

---

1. 杨丰陌、赵焕林、佟悦主编：《盛京皇宫和关外三陵档案》辽宁民族出版社，第144页，2003年。

2. 中国第一历史档案馆编：《纂修四库全书档案》，谕内阁著直省督抚学政购访遗书，第2页，上海古籍出版社，1997年7月版。

3.《高宗纯皇帝实录》卷1125，第34页，中华书局影印，1986年5月第1版。

4.《高宗纯皇帝实录》卷926，第452页，中华书局影印，1986年5月第1版。

5. 中国第一历史档案馆编：《纂修四库全书档案》，谕内阁将《诸史同异录》从全书内掣出销毁并将总纂等交部议处，第1922页，上海古籍出版社，1997年7月版。

3. 制定《四库全书》缮录、校订的制度

《四库全书》的缮录和校订，是全书编纂过程中持续时间最为长久，花费人力物力最为巨大的工作。因此，乾隆皇帝直接参与了《四库全书》缮录、校订标准制度的制定。缮录《四库全书》，需要大批人员担任誊录工作。首先，确定誊录人员的录用标准，乾隆三十九年八月十九日，皇帝下令从本年京闲乡试落第"皿"字号卷内挑取六百卷，由吏部按照名次，"择其字画匀净，可供钞录者，酌取备用"。后由于需要缮录的书籍愈来愈多，所需要的人更多，乾隆皇帝又再次下令从本年京闲乡试落第"皿"字号内挑取八百卷，"贝"字号内挑取六百卷，照例办理。这样，历经保举、考查，直到比较稳定地从乡试落第卷中抽取，誊录的选择方法日趋完善，基本保证了誊录的来源以及内廷四阁全书的缮写质量。另外，谕令续缮三份全书，下令四库馆再缮写全书三份，分别庋置扬州文汇阁、镇江文宗阁、杭州文澜阁，以达到"稗江浙士子得以就近观摩誊录，用昭我国家藏书美富，教思无穷之盛轨"[1]的目的。

校订则是《四库全书》编纂过程中最关键的环节，《四库全书》的质量如何，相当程度上取决于校订的优劣。早在乾隆三十八年（1773）十月九日，四库全书馆开馆不久，乾隆皇帝就谕令总裁大臣"妥立章程，稗各尽心校录无讹"[2]。遵照乾隆皇帝的谕令，四库总裁悉心查核，特别制定了《功过处分条例》。在乾隆皇帝的命令之下，四库全书馆专门设置分校官、总校官，具体负责校订工作。通过制订严格的校订功过条例，建立功过簿，规定奖惩等办法，严把质量关。每一册书抄写完毕，都要先送交分校官，由他们对照原书，认真校订。分校官校完后，再送交总校官，逐一核查，严格把关。按照规定，每一册书的抄写者、校订者，都要分别署上姓名、官职，以便随时考核。各书经过层层勘订后，最后再由总裁、总阅负责抽查。这些严格的规章制度和考核办法，保证《四库全书》校订工作的顺利进行，并确保其质量。

在乾隆皇帝的指导之下，《四库全书》的缮录和校订工作得以顺利而又严格地进行。在这样的条件下，清政府动用了大量的人力物力，终于使得七份《四库全书》基本缮校完毕。四库全书馆自乾隆三十八年（1773）二月开馆，至五十二年（1787）四月办理完竣，前后历时14年之久，参与篡修、审核、抄写、校订等各项工作的人数达4000余人，堪称中华文化精粹集大成者。

---

1. 中国第一历史档案馆编：《篡修四库全书档案》，谕内阁著交四库馆再缮写全书三分安置扬州文汇阁等处，第1589页，上海古籍出版社，1997年7月版。
2. 中国第一历史档案馆编：《篡修四库全书档案》，谕内阁著总裁大臣详议校录四库全书章程，第163-164页，上海古籍出版社，1997年7月版。

二、藏书楼的修建

《四库全书》作为中国历史上规模最大的丛书，如何妥善庋藏，显得尤为重要。早在乾隆三十九年（1744）六月，《四库全书》的纂修工作刚刚大规模展开时，乾隆皇帝就考虑到将来的庋藏问题。他认为"凡事豫则立。书之成，虽尚需时日，而贮书之所，则不可不宿构"。决定为《四库全书》建造专门的庋藏之所。遂下令仿宁波范钦"天一阁"的规制建造文津、文源、文渊、文溯四阁，世人称为"内廷四阁"或"北四阁"。而后，为了将《四库全书》的传播范围扩大至南方，乾隆皇帝颁发圣谕，命令在江浙地区建造三座藏书阁：镇江文宗阁、扬州文汇阁、杭州文澜阁。因三阁均位于江浙地区，故称为"江浙三阁"或"南三阁"。《四库全书》共抄写七部，分别存于以上七阁之中。

1. "内廷四阁"间的联系

由于文渊阁、文源阁、文津阁、文溯阁分别于紫禁城、御苑圆明园、承德避暑山庄、盛京皇宫之内修建，而这些地方皆属于宫廷禁地或皇家园林，因此这四阁又被称为"内廷四阁"。"内廷四阁"不仅在修建位置上包含内在关联，其命名内涵上也存在着巧妙的联系。首先，四阁之名取法天一阁，"若渊，若源，若津，若溯。皆从水以立义者，盖取范式天一阁之为"，体现其"天一生水""以水克火"的理念。其次，乾隆认为"渊""源""津""溯"存在着一定的依存关系，"盖渊即源也，有源必有流，支派于是乎分焉。欲从支派寻流，以溯其源，必先在乎知其津，弗知津，则躐迷途而失正路，断港之讥，有弗免矣"。

从建筑形制上看，"内廷四阁"都仿照天一阁。上下皆六楹，六间互通为一间，取"天一生水，地六成之"的本义。在此基础上，四阁在内部结构上做出了改进。采用"偷工造"法，即外观重檐两层，实际上却利用上层楼板之下的腰部空间暗中多造一夹层，全阁上、中、下三层都用来庋置书籍。这样的施工方法，既节省工料，又便于藏书。

从兴建时间上看，"内廷四阁"皆在一

年左右的时间竣工。文津阁和文源阁于乾隆三十九年（1774）开始动工，乾隆四十年（1775）完工；文渊阁于乾隆四十年（1775）开工，翌年完工；最晚建成的文溯阁于乾隆四十七年（1782）动工，次年完工。

2. 沈阳故宫总体布局的改变

文溯阁作为沈阳故宫西路建筑群的核心建筑，可以说，它的建成奠定了沈阳故宫东、中、西三路的构成格局。同时，文溯阁不仅从建筑格局上改变了沈阳故宫的原有形式，更在庋藏、阅览、娱乐等文化属性上为沈阳故宫增色，是清中期完善陪都宫殿布局及功用的最重要建筑。

从文溯阁选址上看，文溯阁采用与崇政殿等中路建筑平行的轴线，向西拓开，成为沈阳故宫的西路建筑。院落布局中，占据中部偏北，为营建之需，移走原本此地的庄亲王府，修建文溯阁，并在其前后增建了文溯阁南宫门、仰熙斋、九间殿、嘉荫堂和戏台等，共一百六十余间大小房屋。西路建筑群最终形成了南部以戏台为中心、北部以文溯阁为中心的建筑单元。同时，西路建筑群使得盛京宫殿平面分布由两个区域扩展为三个区域，成为其延续至当代的基本格局。

从文溯阁营建过程上看，为满足皇帝东巡读书、娱乐所需，整个工程进展较迅速。乾隆四十六年（1781），乾隆皇帝正式传谕在盛京宫殿西路筹建文溯阁，乾隆四十七年（1782）正式开始建造文溯阁，据《清实录》记载：乾隆四十七年正月乙卯记："谕：由内库拨银七万两，交荣柱等带往盛京建盖文溯阁应用。"又据嘉庆七年（1802）盛京总管内务府呈报的《乾隆三十三年起应入〈会典则例〉之案》中记载："乾隆四十七年（1782）五月内，于旧有宫殿西奉旨建立文溯阁一座。"此为文溯阁正式开工的时间。

五月十五日，福长安查验工程进度后奏报乾隆皇帝：

> 令查阅各库及文溯阁工程兹，奴才于查讯事务，次第完竣，即亲诣行宫敬谨阅视，看得宫殿室宇俱各整齐完洁，所有派出看守官弁兵丁亦属循谨无误。奴才随恭诣内库，将原贮法物宝器及节次交贮，珠宝玉金银陈设器皿物件按照册文件逐一详对，并无舛错。至文溯阁在行宫之西，奴才周围详细查阅其南面房十七间及墙垣俱已成做，现在次第拢瓦，自七间殿文溯阁前至宫门木植间架俱口竖立完竣，现在砌做台明，所有楼内应贮书桶亦在手成做，阁东碑座安置停安，即行竖木植。此外游廊转角房等柱顶俱已安设，惟有照殿九间，配房六间，现在创槽施工，询之该监督等据称通共工程约五分有余，敬谨照办，年内可以一律全竣等语。

期间至十月，开始内檐装修和陈设：

> 闻事，奴才永玮到任后，即将新建文溯阁工程逐加详查，所有泥水工活，俱已如式修理完竣，其余值房零星工活，尚有未完者，计其工活已有九成，时届寒凉，泥水工活暂行停修，所有书橱内檐外檐装修，现任在赶急打造，年前俱可完竣，其未完值房零星工活，明岁春融及时与修，五月内均能完竣，伏思文溯阁各殿座内，应需一切陈设：屏风、宝座、御案、香几、铺垫、毛毯、座褥、靠背、帐幔等项目，应预行奏请，由内庭领用。

大约经历了一年多的时间，营建工程结束。乾隆四十八年（1783）九月，文溯阁工程"办理工程处"奏文称："奴才等恭查，建盖文溯阁各座殿宇房屋工程俱已如式修竣。"除文溯阁外，西路建筑还新建有嘉荫堂穿堂、净房、东西转角楼、戏台、扮戏房等建筑。

文溯阁工程所花费用较预算的"发银七万两"稍有结余。包括"油饰彩画颜料并木石、砖瓦、灰斤等项，以及各座匠役工价共计实用过银六万九千六百二十八两七钱一分七厘"。结余部分"交盛京内务府查收归入正项"。

文溯阁为硬山顶建筑，其用料工艺主要集中在下层走廊、上层腰檐博脊及东西两面山墙。下层走廊，采取硬山做法砌墀头及排山博缝。墀头用绿色琉璃盘头。下碱用压面石、角柱石。上层腰檐博脊，露出窗槛墙，墙上各开间均装槛窗。东西两面山墙墙面白色抹灰，下碱用压面石，城砖砌筑。

除文溯阁主体建筑外，为记载文溯阁兴建及命名而修建的碑亭，也是文溯阁的重要组成部分。碑亭方形平面，四出踏步，盝顶。亭正中立石碑，正面文为《文溯阁记》，背面文为《宋孝宗论》。

从实际用途角度上看，沈阳故宫西路建筑群可以看作两组组合，即以宫门、文溯阁、碑亭、仰熙斋、九间殿构成的三进四合院，以及以扮戏房、转角房、戏台和嘉荫堂围合而成的四合院。两组组合，一动一静、一闹一幽，相互辉映。

以文溯阁为核心的西路建筑布局完全根据皇帝的行走路线设计了这一路建筑的序列关系。这一路的主要入口是中路西所保极宫前院落的西门。对西路来说，位于中轴线中部的东向。帝后进入西路之后，再南、北分向，可进入不同的功能组群。文武百官只能从侧门进入观戏的转角房，不能直接进入文溯阁等御用读书的地方。演员和杂役人员，却是从设在轴线南端正中的入口进入扮戏房和戏台。因此，西路建筑群的设计也从理念上改变了沈阳故宫的整体建筑格局。

3. 文溯阁命名

"文溯阁"之名是乾隆皇帝钦定的。高宗《御制诗》五集《趣亭》中"书楼四库法天一"句下注："浙江鄞县，范氏藏书之所名天一阁，阁凡六楹联，盖义取'天一生水，地六成之'，为厌胜之术，意在藏书。其式可法，是以创建渊、源、津、溯四阁，悉仿其制为之。"在"内廷四阁"渊、源、津、溯四阁中，其中文溯阁建成最晚。故乾隆在《文溯阁记》中写道："辑四库之书，分四处以庋之，方以类聚，数以偶成。文渊、文源、文津三阁之记早成，则此文溯阁之记，亦不可再缓……"

《文溯阁记》为乾隆四十七年（1782）仲春题写完毕，主要叙述了编纂《四库全书》主旨，也道出"内廷四阁"命名之用意："四阁之名，皆冠以文，而若渊、若源、若津、若溯，皆从水以立义者，盖取范氏天一阁之为，亦既见于前记矣。若夫海，渊也，众水各有源，而同归于海，似海为其尾而非源，不知尾闾何泄，则仍运而为源，原始反终，大易所以示其端也。津则穷源之径而溯之，是则溯也、津也，实亦追源之渊也。水之体用如是，文之体用顾独不如是乎？恰于盛京而名此名，更有合周诗所谓'溯涧求本'之义，而予不忘祖宗创业之艰，示子孙守文之模，意在斯乎！意在斯乎！"这段文字，深刻体现高宗"溯源报本，弥深追远"之情。

乾隆四十八年（1783）秋九月，73岁的乾隆皇帝最后一次东巡盛京，此时文溯阁刚刚竣工，面对新阁旧帙，乾隆不胜感慨："老方四库集全书，竟得功成幸莫如。京国略钦渊已汇，陪都今次溯其初。源宁外此园近矣，津以问之庄继诸。披秘探奇力资众，折衷所要意廑予。唐函宋苑实应逊，荀勖刘歆名亦虚。东壁五星斯聚朗，西部七略彼空储。以云过涧在兹尔，敢曰庸民舍是欤。敬缅天聪文馆辟，必先敢懈有开余。"从诗中可以看出，乾隆将《四库全书》贮藏在盛京旧宫，有"以溯其初"之意。"以武功建国家，以文治定天下"，在乾隆皇帝看来，宏文崇典、图书教化为历代王朝之立国根本。这也是乾隆皇帝编纂《四库全书》的根本原因。文溯阁的命名不仅蕴含了古代典籍的浩瀚丰富和传统文化的博大精深，更是告诫自己要善于本着溯涧求本的原则，不忘祖宗开创基业的艰辛，给子孙树立遵从天理的楷模。

第二章 文溯阁建筑群的建筑形制和装饰

一、文溯阁建筑群形制及特色

二、文溯阁的装饰装修

一、文溯阁建筑群形制及特色

1. 建筑组群布局

　　文溯阁建筑群位于沈阳故宫西路建筑群，为单独的院落。在文溯阁南面有宫门三间，宫门是以文溯阁为中心的独立建筑区域的正门，为三间悬山顶屋宇式建筑，明间设门为通道，东、西间前后有槛墙及窗。文溯阁北面是仰熙斋，为七间卷棚硬山顶，是与文溯阁配套的书斋。"仰"即仰望，"熙"即兴盛。乾隆皇帝御制诗《仰熙斋》云："沛里弦歌户口滋，百年修养乐民祺。毋容易亲熙和比，率自勤劳昔日治。"仰熙斋两侧有游廊与文溯阁相连，两座建筑的组合呈现出中殿式的总体院落空间布局。再北侧是九间殿，为九间硬山卷棚顶建筑，亦称为"罩房"，内以三间为一个单元，室内设有宝座和乾隆书对联，东西各有配房三间，是与文溯阁、仰熙斋布局和功能配套的建筑。

　　文溯阁、仰熙斋及两侧抄手游廊组成一个封闭的四合院。这使得它们二者的组合从空间独立出来。文溯阁是藏书楼，仰熙斋是皇帝读

书写字之处。仰熙斋在功能分区上属于静空间，处于文溯阁北面，抄手游廊在此处向院落的内部敞开，朝向外院落一侧完全封闭，形成内向、封闭的四合院，使读书活动可以闹中取静，同时可以从室内向室外渗透延伸，读书的环境得到了改善。

　　文溯阁之东建有一座方形碑亭，屋顶采用盝顶形式，施用满堂黄琉璃瓦；四角为曲尺形红墙，其间各有栏杆。亭内正中置乾隆御制文石碑，正面文《文溯阁记》，均满、汉文合璧书刻，是对文溯阁的兴建过程及命名的记载，背面文《宋孝宗论》。

　　1937年日伪时期，文溯阁西南角新构水泥书库，之后又在文溯阁西侧加建配房三间。

2. 式样写仿天一阁

　　文溯阁，其建造形制是以天一阁为蓝本模仿建造而成的，是一座面阔六间、进深五间九架椽的楼阁式建筑。坐落于约半米高的台基之

上，台基前出月台，月台南侧正中设置两级踏步，与院中丹陛桥相连。文溯阁硬山屋顶，黑琉璃瓦辅以绿剪边。前后檐均做成槅扇门和槛窗，并运用了风格质朴的直棂码三箭的隔心式样。一层出前后廊，前檐两侧山墙各有卷门，其上悬砌绿琉璃垂花门罩，门下各有四级踏跺。后檐廊在两山墙处有抄手游廊与后面供皇帝读书阅览的仰熙斋相连。阁下层前后均出檐廊，额枋绘画"河马负图""翰墨册卷"等苏式彩画图案，绘画上的蓝绿色调与内外廊柱的绿色相配，给人以古雅清新之感。

文溯阁外观两层，室内分为三层。在阁内上下两层中间的东、北、西三面，另外加有一层回廊式的平台，俗称"仙楼"，其北面约占两米多宽，东西两侧各占一间之地，使阁内正中三间形成二层高的敞厅。上层平面全部是藏书空间，书架沿轴方向并列布置。另外，在阁内下层靠北，又以槅扇分出近两米宽的过道，形成高低错落、前后掩映的多变布局。文溯阁吸纳天一阁设计上科学实用的建筑理念，通风良好、结构合理，使阁内藏书得到了很好的庋藏。

文溯阁的样式，乾隆帝曾确定："藏书家颇多，而必以浙之范氏天一阁为巨擘，因辑《四库全书》，命取其阁式，以构庋贮之所。"乾隆编纂《四库全书》，看中宁波范氏进书最多且藏书楼屹立 200 多年。乾隆三十九年（1774）六月，高宗特颁谕旨，赏赐宁波范氏家族《古今图书集成》一部，称："浙江范懋柱家所进之书最多，因加恩赏给《古今图书集成》一部，以示嘉奖。闻其家藏书处曰天一阁，纯用砖甃，不畏火烛，自前明相传至今，并无损坏，其法甚精……"于是谕令曾任热河总管的杭州织造

寅著亲往宁波详细考察，"著传谕著亲往该处，看其房间制造之法若何，是否专用砖石，不用木植，并其书架款式若何，详细询察，烫成准样，开明尺丈呈览"。[1]

遵从乾隆皇帝旨意，寅著立即对范氏天一阁进行了极为详细的考察。清乾隆三十九年（1774）六月，时任杭州织造的寅著上奏乾隆皇帝："天一阁在范氏宅东，坐北向南。左右砖甃为垣。前后檐，上下俱设门窗。其梁柱俱用松杉等木。其六间：西偏一间，安设楼梯。东偏一间，以近墙壁，恐受湿气，并不贮书。惟居中三间，排列大橱十口，内六橱前后有门，两面贮书，取其透风。后列中橱二口，小橱二口。又西一间，排列中橱十二口。橱下各置英石一块，以收潮湿。阁前凿池。其东北隅又为曲池。传闻凿池之始，土中隐有字形，如'天一'两字，因悟'天一生水'之义，即以名阁。阁用六间，取'地六成之'之义。是以高下、深广及书橱数目、尺寸，俱含六数。特绘图具奏。"并随奏折附录浙江宁波著名藏书楼"天一阁"的建筑图样。[2]

通过这份奏报，乾隆皇帝了解到"天一阁"的名字，体现了古人通过观测天象认识到的数字和五行的对应关系，其中奇数"一"和偶数"六"相对应，属"水"，"天一生水，地六成之；地二生火，天七成之……"以水克火。因此，"天一阁"的名字有以水克火之意。其次，天一阁的建筑结构和防护措施也有利于防火、防潮、防虫、防盗。天一阁坐北朝南，为上下两层硬山式砖木结构。二层象征天，设计成一大通间，以书橱间隔，以体现"天一生水"之意；一层象征地，面阔、进深各六间，以合"地六成之"

1.《文溯阁研究》天津大学出版社，2017 年 7 月，第 25 页。

2.《文溯阁研究》天津大学出版社，2017 年 7 月，第 25 页。

之义。天一阁东西两旁山墙是硬山式的"观音兜"，也称为"封火墙"，以隔阻火源，有利于周围建筑着火而不影响本楼；南北两侧通体开门开窗，有利于通风防潮。楼一层较为潮湿，不放置书橱，书橱都放在二层，且与墙壁有一定距离，进一步做到通风防潮。天一阁二层每个书橱下面都放置石英，可以吸纳空气中的潮气。在天一阁前凿池，名"天一池"，通月湖，引水蓄于池内，以备救火之用。天一阁的楼体结构和措施安排，都有利于书籍的长久保存。

天一阁独特的建筑形式和藏书方式经寅著之手呈现于乾隆皇帝面前。乾隆皇帝了解天一阁的情况后，认为天一阁作为藏书楼，其命名、规制和庋藏都极其完美地体现了防火理念和藏书功能，确实代表了当时私家藏书楼的最高水平。鉴于天一阁的科学性和"天一生水，地六成之"的设计思想和建筑理念，乾隆皇帝决定皇家营建的文渊阁、文源阁、文津阁、文溯阁四阁，都仿照天一阁的形制。如楼阁左右为砖墙，前后通体开窗，二层为通间，一层分割成六间，以防火、通风，体现"天一生水，地六成之"的设计理念和建筑模式。四座皇家藏书楼与天一阁不同的是，为了增加藏书的空间，皇家藏书楼在一二层之间都设置了夹层，使得建筑成为外观为二层、阁内实为三层的结构。为了能防虫防蛀利于藏书，夹层全部采用楠木营建。

3. 与天一阁的差异

文溯阁与天一阁最大的不同是文溯阁（及其他六阁）采取了明二暗三的楼阁建造方式。文溯阁参考了天一阁的结构形式，从外观看是重檐两层各六间，而内部却是上、中、下三层，中间层即利用上、下楼板之间通常被浪费的腰部空间暗中多造了一个夹层，既扩大了一层中前部的高度空间，又增加了摆放书架的面积，有效利用室内的贮书空间，扩大了阁内的使用面积，并与带有腰檐的两层外观相适应。

文溯阁上层为通间、二层回廊设计，利用外檐遮挡直射光线，与天一阁上层"通六为一"的暗层有异曲同工之效。这是范氏天一阁的建造理念，即把暗层作为藏书库，阳光不能直接射入室内，有利于阁内通风藏书。

天一阁的防火设计理念非常讲究，但是由于盛京故宫并无详细建造规划，它是从东路建筑开始一步步建立起来的，宫内没有水系贯穿，所以文溯阁前面没有修建水池和假山，因此文溯阁是四库七阁中唯一阁前没有水池和假山的建筑。而防火理念更多采用的是象征意义：文溯阁，以"六"作开间。在建筑彩画、瓦件等装饰色彩上，文溯阁也如天一阁以绿、白、黑等冷色调起到观念上防火的作用。

二、文溯阁的装饰装修

1. 外檐装饰

    文溯阁的外观装饰以黑、绿等冷色调为主。文溯阁作为藏书阁，最重要的就是防止火患。按五行相生相克之说，水可制火。"北方壬癸水，其色属黑""水色为玄"，玄，黑色，黑代表水。所以该建筑在色彩搭配上采用了以黑、绿为主的深色基调。其建筑屋面采用黑色琉璃瓦，辅以绿瓦剪边，各条屋脊、吻兽及博风砖等也多采用绿色调琉璃构件，饰以海水流云纹饰而非行龙纹饰。各垂脊不设置仙人、走兽等琉璃饰件，代之以云头状的琉璃构件装饰。廊柱、檐柱饰以绿色，门框、窗框饰以黑色，在裙板、绦环板等处兼施少许白色，门窗直棂饰以绿色。这样装饰用以象征水从天降，居高临下，以水压火，满足人们祈求书籍平安无患的心理愿望；也正因为这个因素，使文溯阁同皇宫内其他金瓦红墙的宫殿建筑相比显得与众不同，更有清新素雅的意境。

    文溯阁檐下彩画以青、绿、白为主调与建筑整体协调，其每间外檐的檩、垫、枋的正中都绘有苏式彩画，但在包袱两侧又没有画卡子，而且包袱并非常见的半圆状"软包袱"，而是曲尺形的"硬包袱"，比一般包袱还要大许多，显示出苏式彩画的形式灵活和别出心裁。彩画以白色书卷、蓝色书函为图案，又间绘龙马负书，表明中国图书源远流长，这是由《易·系辞上》"河出图，洛出书"引申而来的，说的是六七千年前，龙马跃出黄河，背负河图；神龟浮出洛水，背负洛书；伏羲根据河图洛书绘制了八卦，就是后来《周易》的来源，这种说法对后人的绘画及图案的创作都产生了一定影响。这种图案也是为了从观念上防止火灾，避免藏书楼失火而使珍贵书籍受到损失，与文溯阁的功用十分吻合，具有强烈的象征寓意。文溯阁的其他一些彩画装饰与建筑的结合也非常巧妙，如檐下绘制的各种透视角度不同的一函函古书，使人对建筑功用一目了然。

2. 内檐装修

文溯阁内檐装修精致，室内除布置高大的书架外，柱间多采用精美的木装修，有绢纱槅扇门、槅扇窗、落地罩、望柱栏杆和楣子等多种分隔和界定空间的方式，都是统一的福山寿海灯笼框式样。目前罩槅保存较为完好。这些装修不仅界定和丰富了室内空间的层次，增加了儒雅的气氛，同时对于空间流线的组织也起到了重要作用。底层的室内柱间有七槽设有木装修，分别位于后檐里围金柱的五槽以及稍间的前檐里围金柱间。七槽木装修有三种样式，后檐里围金柱的明间是十扇灯笼框夹纱槅扇窗，次间是十扇灯笼框夹纱槅扇门，上部均有横披窗。因次间和稍间中缝布置书架，出后门或去往两侧的稍间只能通过此处的槅扇门才能到达。夹纱的槅扇门窗形成了御榻的屏蔽，轻盈雅致，与两侧的书架围合成完整的敞厅空间，同时也界定出槅扇后的过道空间。稍间的前后檐里围金柱间装设灯笼的落地罩，与柱间置放书架等宽。中层有九槽木装修，三种样式，后檐里围金柱的明间和次间均设有灯笼框式的栏杆和楣子，次间和稍间的中缝设有落地罩和栏杆，稍间的后檐里围金柱间设落地罩，前檐里围金柱间设落地罩和栏杆。上层除进深的明间置放书架外，其余的柱间均设灯笼框落地罩。

底层敞厅内置御榻、书案、香几、鸾翎宫扇等陈设，东西稍间及槅扇后夹道也分别置有紫檀炕案、琴桌、挂屏等，再加上殿内北面悬有高宗御书的匾联，更加衬托出文溯阁书香墨浓的文化韵味。

第三章 文溯阁建筑价值评述

一、皇家藏书体系的构成

乾隆三十八年（1773）二月，《四库全书》开馆。乾隆皇帝考虑到书成之后的贮藏问题，决定未雨绸缪，为《四库全书》建造专属的庋藏之所，为此谕曰："凡事豫则立。书之成，虽尚需时日，而贮书之所，则不可不宿构。"[1] 他听说浙江宁波范懋柱的藏书楼天一阁的建筑规制和庋藏方式，均完美地体现了防火的理念和藏书的功能。在得到满意的结果后，又谕令："取其阁式，以构庋贮之所"[2]。最初乾隆皇帝计划抄写四部《四库全书》，"一以贮紫禁之文渊阁，一以贮盛京兴王之地，一以贮御园之文源阁，一以贮避暑山庄，则此文津阁之所以作也"[3]。其后考虑到江南士子读书治学的需要，又特别谕令在镇江金山寺、扬州大观堂、杭州圣音寺三地增建文宗、文汇、文澜三阁，遂为四库七阁。

其中前四阁建于皇家宫苑内，又称"北四阁"，后者则称为"南三阁"，而"北四阁"整体上构成了清代皇家宫殿、园囿《四库全书》的藏书体系。

1. 建筑构成体系的统一

振兴文教，是衡量中国古代王朝政权兴盛的一个显著标志，清朝统一全国后，对作为政权统治手段之一的文化思想的控制、禁锢、管理，清代诸帝都非常重视，清朝之前，传统典籍集大成者为永乐皇帝朱棣组织编纂的《永乐大典》，全书共计 22937 卷，11095 册，约 3.7 亿字，汇集了古今图书七千余种。清朝前期，由于政权的相对稳定和社会经济的发展，认识到思想文化对政权统治作用的康熙皇帝留意典

1.《清高宗御制诗文全集·御制文二集》卷一三，《文渊阁记》。

2.《清高宗御制诗文全集·御制文二集》卷一三，《文渊阁记》。

3.《清高宗御制诗文全集·御制文二集》卷一三，《文津阁记》。

籍，编订群书，设立专供修书的机构，先后组织编修了《康熙字典》《清文鉴》《律吕正义》《明史》《清太祖实录》《清太宗实录》《清世祖实录》《大清会典》《数理精蕴》《全唐诗》等六十余部典籍，卷帙浩繁，洋洋大观，成就冠于前朝。之后，雍正皇帝又在陈梦雷总纂的基础上，着蒋廷锡续编历史上最大一部类书《古今图书集成》，而乾隆中期《四库全书》的编纂成书，又以前所未有的规模，超越《永乐大典》二倍的体量，成为中国古代最为宏巨的文化工程。可以说，清代皇家修书、藏书体系的形成，开启于康熙，而以乾隆朝四库七阁修编和营建达到高峰。

《四库全书》筹办伊始，乾隆皇帝便为丛书的收贮做好了充足的准备，取法"天一阁"其制、其意的七座藏书阁相继落成和入藏。七阁之中，最先竣工是乾隆三十九年的文津阁，然后依次是文源阁（四十年）、文渊阁（四十一年）文宗阁（四十四年）、文汇阁（四十五年），文溯阁（四十七年）和文澜阁（四十七年）最后完工。沈阳故宫的文溯阁建阁较晚，但是，为了迎接乾隆皇帝四十八年的盛京东巡，在《四库全书》抄录工作中，完成的时间仅仅晚于文渊阁，早于其他五阁，其后又多次派专人修改抽换，足见乾隆皇帝对盛京陪都和文溯阁本《四库全书》的高度重视。

2. 对盛京文教的提升

文溯阁、文渊阁等七阁的建成及全书的入藏，标志着独成体系的皇家藏书专用建筑及其命名的统一、形成，并成为乾隆皇帝在京师、

出行等所到之处例行的活动事项。从乾隆中后期起，以武英殿修书处为代表的清代修书、刊印的水平达到前所未有的高度，形成辑书、誊录、审校、印制、装帧等一系列标准规范，影响全国。除此之外，文溯阁及其所藏《四库全书》，对于盛京陪都而言，意义和影响尤其深远，为沈阳官办藏书和藏书体系的完善及文化教育事业的发展奠定深厚的基础。

1625年努尔哈赤迁都沈阳，完成了沈阳由一座驻军卫城向综合性国都的转型。在此之前，尽管女真以武功起家，但对八旗贵族子弟的教育，后金统治者并未忽视。后金（清）开国之初，努尔哈赤曾命各旗设置"巴克什"，组织办学，并传谕教学的老师"精心教习尔等门下及所收之弟子，教之通晓者赏之，弟子不芙学不通晓书文者罪之。门下弟子如不勤学，尔等可告于诸贝勒"[1]，为缓解满汉矛盾，认识到汉学的重要性的皇太极继位以后，于天聪三年（1629），修建文庙。下令开科取士，传谕"自古国家文武并用，朕思自古及今俱文武并用，以武功戡祸乱，以文教佐太平"[2]，颁布"劝学令"[3]，一改其父努尔哈赤对汉族读书人的偏见，优礼汉官，促进了清入关前都城沈阳文化教育的发展，使沈阳历史上第一次成为地方政权科举考试的中心。崇德初年，皇太极在沈阳设立了正式的八旗官学，命八旗子弟入学为"官学生"，清初重视文教的政策和这些鼓励官学的措施，客观上为沈阳的书刊收藏和颁行提供了需求前提。

1644年清朝入关后，由于大部分八旗人丁都随皇帝迁往关内，沈阳的八旗学校一度停

1.《满文老档·太祖朝》第218页。中华书局，1990年，北京。
2.《清太宗实录》卷五。
3.《天聪朝臣工奏议》卷上。辽宁大学清初史料丛刊本。

办。至康熙中期，关东旗民人口渐增，学校也随之日趋增多，按其性质又分为八旗官学、义学和宗室觉罗学等。康熙五十八年（1719），沈阳建萃升书院，后停办，乾隆初年，建"沈阳书院"，再次沿用了"萃升书院"之名称，使这座兼具官办、民办性质的学堂与铁岭银冈、辽阳襄平成为远近闻名的三座书院之一，为提高沈阳地方的文化层次做出了贡献。书院的开办，为沈阳地方的文教事业的兴旺以及与藏书有关的刻板、印刷、销售等市场供需提供了先决条件，按《陪都纪略》等相关文献记载，清末民初，沈阳方城内共有从事刻字印刷和经营书帖的店铺分别达到四十七户和二十一户；比之稍晚的《沈阳县志》则记：（民国时期）"印刷刻字行六十，书铺二十二"[1]，稳中有升，其中刻字铺有彩盛兴、东盛、会文山房等有名的文房商号。《陪都纪略》云"彩盛兴刻字处六家，在钟楼南"，其联为"彩毫缮写蝌蚪字，盛业精镌鸟篆书"[2]，书笔坊"四合文兴，书业堂广，德兴等号，小本书坊"[3]。书铺则集中在四平街路南，有文兴堂、四合堂等，"四书五经全在此，合璧联珠皆有由"[4]。

中国藏书有三千年的历史，总体上可分为官方藏书、私人藏书、寺观藏书、书院藏书四种类型。沈阳作为中心城市为时尚短，虽然寺观、书院较多，但与文气鼎盛的江南相比，出类拔萃者相对不多，相关藏书的资料也比较缺乏，尤其是官方藏书，在《四库全书》入藏文溯阁之前，鲜有记载，因此，盛京虽贵为陪都，依然难以形成系统的藏书体系。《四库全书》文溯阁本的意义，除了完善乾隆出于安全、便捷等因素的"七阁"布局，对于沈阳这座城市而言，更多的是传递一种清政府进一步提升沈阳陪都地位的信息，塑造陪都文气斐然的精神，客观上直接弥补了缺乏官方藏书的短板，对沈阳、东北地区文化氛围的提振和引领意义深远。

1.《沈阳县志》卷七。

2.《陪都纪略》刘世英编著，沈阳出版社，第183页。

3.《陪都纪略》刘世英编著，沈阳出版社，第261-262页。

4.《陪都纪略》刘世英编著，沈阳出版社，第185页。

二、盛京宫殿及陪都制度的完善

沈阳故宫是历经努尔哈赤、皇太极、乾隆三位君王兴建的积累式宫殿建筑群，在文溯阁未建之前，沈阳故宫保持着努尔哈赤时期初建的大政殿、十王亭等东路建筑，皇太极时期扩建的清宁宫、崇政殿等中路主体宫殿建筑，以及乾隆初期增建的"敬典阁工程"系列计二百三十五间建筑等三大板块。如果说乾隆皇帝在早期以"敬典阁工程"的名义完成了东巡行宫的增建，那么在时隔三十余年之后，则以收贮《四库全书》的计划完成了文溯阁及戏台、嘉荫斋、仰熙斋等西路宫殿建筑群的规划营建，从而补全了盛京宫殿中缺少的专属的文化、娱乐类建筑类型，进而完善了沈阳故宫建筑总体的既为先祖理政的宫殿又为先祖开基的纪念地，又同为东巡驻跸高规格行宫的综合功能。同时，文溯阁及其贮藏的《四库全书》，因其为东北地区唯一的皇家藏书设施，也极大地推进了辽沈地区文化发展，有效地提升了盛京陪都的政治和文化地位。

1. 填补皇家宫殿制度缺环

乾隆四十七年（1782）初，文溯阁在西所的西侧，以内务府拨付的 7 万两白银开始量地建造，除了与北方其他皇家三阁中共有的藏书楼、碑亭及值房、宫门等附属建筑，盛京宫殿在这次增建中，更是增加了部分与藏书、观书等无关的建筑，诸如表演戏曲的戏台、扮戏房；观赏戏曲的嘉荫堂、游廊，以及休闲赏憩的仰熙斋、九间殿等。虽然这些建筑看似与文溯阁使用功能没有太多关联，却是乾隆皇帝宫殿西路建筑总体规划的一部分，它们与文溯阁建筑一起，不仅在平面、空间上撑起了由南至北的一路建筑组群，使盛京宫殿整体建筑布局益加均衡，也形成了以文溯阁为中心的盛京宫殿文化功能突出的综合体，从而补全了盛京与紫禁城、圆明园、避暑山庄这些皇帝平素理政宫殿建筑群相比部分使用功能的不足，同时也为盛京宫殿大规模的持续扩建画上了休止符。

西路建筑组群将黛瓦绿楹、富于园林气

息的藏书楼和戏台建筑完美地融合在宫殿组群中，强调的是乾隆时期皇家建筑追求"礼乐复合"的精神需求。从建筑装饰色彩上说，文溯阁采用了以白、绿、黑为主的冷色调硬山建筑，而簇拥其前后的戏台、嘉荫堂等建筑则采用了明清时期以红、黄为主传统的皇家建筑色调，建筑布局、装饰更为活泼、自然、多变，营造了既庄重又不失活泼的艺术气氛，与早期建筑的艺术特点迥然不同，将建筑功能和艺术有机地结合在一起，使得西路行宫在整个沈阳故宫中构思巧妙，别具一格，"宝笈辉层阁，雅游竹素园"[1]，突出了"礼乐复合"的空间和园林的艺术气息。

2. 促进盛京陪都文化发展

清1644年迁都北京后，以盛京为本朝发祥地，将其定为陪都。顺治、康熙时期，恢复盛京户、礼、兵、刑、工五部。历代皇帝东巡期间，均在盛京宫殿举行谒陵告成典礼和清宁宫祭祀，坐班朝贺，一如既往。

乾隆皇帝为隆陪都之盛，在位时多次增建宫殿，尤其是营建敬典阁、崇谟阁、太庙等礼制性建筑，贮藏谱牒、圣训、实录、宝册，使盛京宫殿在规制上上升到与京师同样的等级。乾隆中后期营建的用以庋藏《四库全书》《古今图书集成》的文溯阁，不仅巩固了盛京作为陪都的尊崇地位，特别是以文说史，将文化发展源流上升到民族、国家的溯涧求本，进一步宣扬了以文治国、以孝行天下"敬天法祖"的国家政策。同时《四库全书》落户盛京，也使得盛京地区在原有的基础上增添了政府倡导藏书治学的色彩，对盛京的文化发展、建设和水平的提升意义深远。

清太祖努尔哈赤虽是以武功起家的"马上皇帝"，但对文化教育也比较重视，不仅亲自主持创制了"无圈点满文"（老满文），迁都辽阳之后，又命各旗设置"无须涉足他事"的"巴克什"（博士），专职教习八旗贵族子弟读书，并谕"精心教习尔等门下及所收之弟子，教之通晓者赏之，弟子不芙学不通晓书文者罪之"。[2]迁都沈阳后，皇太极充分认识到学习汉族文化对于满族以及后金（清）国家发展的重要作用，继位伊始，便极力推行文化教育的发展。修建文庙，创办儒学，特谕"自古国家文武并用，朕思自古及今俱文武并用，以武功戡祸乱，以文教佐太平。朕今欲振兴文治，于生员中考取其文艺明通者优奖之……诸贝勒府以下及满、汉、蒙古家所有生员，俱令考试"[3]，下令开科取士，设立八旗官学，促进了清入关前都城沈阳文化教育的发展。

清入关后历次皇帝的东巡，除了行围演武、清宁宫祭神、联络蒙古、经理庶务、加恩赏赐等例行活动，奖励文教也是其间重要内容之一。每临盛京，谒陵之后，乾隆皇帝必到文庙行礼，"读其书之士亦渐文化，蒸蒸日盛，堪与畿甸比隆。朕銮格所临，青衿献诗趋迓，弘诵彬彬，具见胶庠乐育"。[4]为此增加科考名额，以嘉惠士林。在这种形势下，盛京地区的文化、教育得以照比京师，取得了进一步的发展，出现了社会文化、教育兴盛的局面。《四库全书》修

1. 嘉庆二十三年（1818）东巡盛京御制诗《文溯阁观书》。

2. 《满文老档·太祖朝》第218页。中华书局，1990年。

3. 《清太宗实录》卷五。

4. 《清高宗纯皇帝实录》卷一一八九，乾隆四十八年九月下，中华书局影印本，1986年。第896页。

篆前后，盛京地区士林学子读书、藏书蔚然成风，乾隆四十年（1775）奉天府承兼学政奏请将沈阳书院充公盈余500两购买士子读用之书。文溯阁建成后，在民间，官员、士绅又捐资修建了尊经阁贮存书籍，其他如文庙、魁星楼等处亦存有图书，供盛京学子读书。清代通过备份、移送玉牒、玉宝、玉册、实录提高了盛京陪都的政治地位，文溯阁的营建和《四库全书》的庋藏，则不仅提高了陪都堪比京师的文化标准，也引领、带动了清王朝龙兴之地文化建设的提升。

第四章 文溯阁相关史事与研究

一、文溯阁史事辑要

1. 乾隆御题"文溯阁"门额及阁下挂额

　　沈阳故宫"文溯阁"门额是乾隆手笔，门额是在文溯阁竣工之前就已题写制作完工。此门额为"云龙毗卢帽"斗匾，蓝地金字，满汉两体文字竖书，上钤乾隆皇帝玉玺一方。乾隆四十八年春，乾隆帝委派北京总管内务府造办处，将文溯阁"云龙毗卢帽"斗匾送到盛京，同时还一并送来一份安装文溯阁门额的图样。

　　门额是宫殿建筑的重要组成部分，对整体建筑起到画龙点睛的作用。门额悬挂的位置也有固定格局，一般情况下，无论单檐建筑还是重檐建筑，门额都应悬挂在顶檐正中，独盛京文溯阁是例外。盛京文溯阁是单檐建筑，其底层前后又增添了通廊廊庑和抱厦。于是，文溯阁又多出了一个二层檐。如此结构的建筑，门额理所当然地应该悬挂在顶层檐下。北京故宫文渊阁与盛京皇宫文溯阁的建筑样式相同，文渊阁的门额就悬挂在顶层檐下。然而，文溯阁的门额却悬挂在下层檐下，如果从远处看根本

看不到门额。

　　文溯阁竣工于乾隆四十八年（1784）乾隆第四次东巡盛京前，出于对"龙兴重地"的尊崇，特命北京总管内务府给盛京文溯阁精制一块门额。施工设计人员按照北京文渊阁量体设计制造了盛京文溯阁门额。虽然北京故宫文渊阁与盛京皇宫文溯阁的建筑样式相同，然而实际上盛京文溯阁体量上要比北京文渊阁小很多。按照文渊阁体量制作的文溯阁门额，高约七尺半，宽约五尺，比盛京皇宫其他门额大出好几倍，与盛京皇宫建筑规制严重不符。以致门额制作完成后运至盛京皇宫进行安装时才发现，因为制作的门额体量过大，文溯阁顶层檐下根本无法悬挂。

　　门额按照图样要求安装不上，盛京内务府官员只好报请当时的盛京将军永玮，永玮来到施工现场视察后，决定给北京总管内务府造办处行文，请他们按照盛京内务府提供的图形和尺寸，重新制作文溯阁门额。北京总管内务府

大臣和珅得知此事后，将此事奏请乾隆皇帝。乾隆皇帝道："尊规典制不为不可，但凡事尚应务实，斗匾既已做大，如若废之，必伤财力。"于是，按照乾隆皇帝口谕，盛京将军永玮将门额悬挂在文溯阁一层廊内。从此，这块巨匾就悬挂于现在的位置上了。

2.《四库全书》入藏文溯阁

乾隆四十八年（1783）春，四库馆总校官陆费墀、将军永玮奉命专程赴盛京文溯阁陈设《四库全书》等书籍，并于文溯阁东侧立《御制文溯阁记》碑，此为文溯阁正式藏书之始。

乾隆四十七年（1782）春季，第一部"文溯阁藏本"《四库全书》抄录完成，并正式入藏北京紫禁城文渊阁。一年之后，即乾隆四十八年（1783）春季，第二部文溯阁藏本《四库全书》也全部抄录完成。据盛京内务府档案记载，乾隆四十七年九月，第二份《四库全书》尚未抄完，就已经开始考虑运往盛京事宜，而真正开始运送是在当年的冬天。盛京内务府之所以要在冰天雪地的冬天将书籍匆忙运往盛京，是因为在翌年夏秋之际，乾隆皇帝将要第四次东巡故里，而在盛京宫殿驻跸期间，一个非常重要的活动就是要在新建的文溯阁内阅览大清宝典《四库全书》。考虑到北京到盛京路途遥远，为了使书册在运送过程中不受损坏又确保安全，决定按地域划界分段运送，分别负责：自北京至山海关由直隶总督负责；自山海关至盛京一段由盛京将军及奉天府尹负责。

入藏盛京皇宫文溯阁的《四库全书》先后共分五批陆续运抵盛京：乾隆四十七年（1782）十一月，第一批《四库全书》一千函和《古今图书集成》五百七十六函由京运抵盛京，正式入藏文溯阁内；一个月之后，第二批图书由京运到，计《四库全书》一千四百九十一

函；翌年（1783）正月，第三批《四库全书》一千五百函运到；二月，又运到第四批一千五百函；三月，运到第五批二百六十函，另有空书匣三百六十四个；同年九月初，又由京送到《四库全书总目》二十函、《四库全书简明目录》三函、《四库全书考证》十二函。至此，三万六千册"文溯阁藏本"《四库全书》已全部运送完成并于阁内放整齐，以便乾隆皇帝入阁御览。

文溯阁阁本《四库全书》系内府写本，装潢书写，均甚精美。每函均有楠木书匣，各书册均为软面绢包，并以色分部：经部用绿绢，史部用红绢，子部用青绢，集部用灰绢。四种颜色分别代表春夏秋冬四季。《四库全书总目》《四库全书考证》《古今图书集成》则以黄绢封面。各册书页框皆为朱红，四周双边，行二十一字。版心上栏题有"钦定四库全书"字样，中列具体书名，每册之首尾二页又钤有"文溯阁宝"和"乾隆御览之宝"之玺印。各书册均用洁白坚韧开化榜纸。工楷书写，字体隽秀，墨色古雅。

3. 文溯阁与乾隆御制诗

乾隆四十八年（1783）秋九月，73岁的乾隆皇帝最后一次东巡盛京，此时文溯阁刚刚竣工。乾隆皇帝在祭祀完三座祖陵后，驾临盛京旧宫。他于宫内驻跸五日，先后主持举行一系列祭祀及庆典活动。九月二十日，乾隆皇帝在皇十一子永瑆、皇十五子颙琰、皇十七子永璘及内阁大学士陪同下，来到刚刚建成不久的文溯阁内，见到了自己倾心关注的文溯阁《四库全书》。乾隆皇帝为此写下了一首御制诗："老方四库集全书，竟得功成幸莫如。京国略钦渊已汇，陪都今次溯其初。源宁外此园近矣，津以问之庄继诸。披秘探奇力资质众，折衷所要

意厪予。唐函宋苑实应逊，苟勖刘歆名亦虚。东壁五星斯聚朗，西部七略彼空储。以云过涧在兹尔，敢曰廑民舍是欤。敬缅天聪文馆辟，必先敢懈有开余。"乾隆皇帝共写过有关《四库全书》的诗百余首，对四库七阁的每一阁都题过诗，其中对文津、文源题诗最多，而题文溯阁却仅此一首，更显得弥足珍贵。

现文溯阁内还悬挂两副乾隆御笔亲题的楹联。一副是"古今并入含茹万象沧溟探大本，礼乐仰承基绪三江天汉导洪澜"；另一副是"古鉴今以垂模敦化川流区脉络，本绍闻为典学心传道法验权舆"。中厅还悬挂御制匾额"圣海沿洄"。

4.陆锡熊与文溯阁《四库全书》的复校

文溯阁《四库全书》入藏后，进行了两次大规模的复校。这两次大规模的复校，都是皇帝派人赴盛京进行的。《四库全书》总纂官陆锡熊，晚年曾两次奉命前往盛京文溯阁校斟《四库全书》的舛错脱漏。陆锡熊亦因校书，积劳成疾，病逝于盛京。

乾隆五十二年（1787）五月，乾隆皇帝驻跸避暑山庄，在翻阅文津《四库全书》时，发现其中讹谬甚多，遂命令原纂修校对人员重行校阅内廷四阁全书，并对所校出的错谬之处，要查明原办总纂、总校、提调、校对人员，分别治罪。之后不久又下令，将文渊、文源、文津三阁书籍所有应行换写篇页的装订挖改各工价，均令总纂纪昀、陆锡熊二人一体分赔，并命令他二人分别带领人员前往热河和盛京校斟文津、文溯二阁全书。当时陆锡熊正出任福建

学政，直到乾隆五十五年（1790）任满回京后，陆锡熊遵照乾隆谕旨，带领原校文津阁书疏漏之总校和分校并携带翰林院武英殿留存的《四库全书》部分底本作为校订的参考，携翁方纲等参与《四库全书》编修的学者，前往盛京校书。

陆锡熊及校勘书籍人员到达盛京后，即开始对文溯阁《四库全书》的第一次校对。由陆锡熊带领原校文津阁书疏漏之总校和分校"刘权之、关槐、潘曾起等前赴盛京，详校文溯阁全书"。"统计全书六千一百余函……将各书逐段匀派，按股阅分，以专责成而均功力。"[1]在复校过程中，当地官员对书籍管理十分严格。校勘人员校阅书籍，需盛京将军指派专人配合。同时，盛京将军嵩椿也向皇帝汇报了陆锡熊等人校书和他们的配合情况："查照总裁官开列书名图记清单，赴阁照单查出书籍，登记册档，用黄盘连匣盛贮妥协，派官敬谨押役抬交收发所查收。校毕发回时，仍令照前敬谨押回，校毕发回时，仍令照前敬谨押回，即着府丞率领治中、教职等官查点明确，同前派办之协领等官眼同归架销档。奴才仍不时亲往查察，以昭慎重。"[2]这样，历经四个月，陆锡熊等人将文溯阁书籍全部查勘完成，发现并修改了多处错误："计阅过书六千一百函，此内点画讹误随阅随改外，共查出誊写错落、字句偏谬书六十三部，漏写书二部，错写书三部，脱误及应删处太多应行另缮书三部，匣面错刻、漏刻者共五十七部"。[3]至此文溯阁《四库全书》第一次复校结束。

乾隆五十六年（1791）七月至年底，纪昀先后带人对文源、文渊二阁全书进行了第二次复校，结果又查出不少问题。陆锡熊等人见此

1.张书才.纂修四库全书档案［米］.乾隆五十五年三月二十九日.上海：上海古籍出版社，1997.

2.张书才.纂修四库全书档案［米］.乾隆五十五年三月二十八日.上海：上海古籍出版社，1997.

3.张书才.纂修四库全书档案［米］.乾隆五十五年七月十二日.上海：上海古籍出版社，1997.

情景，十分担心自己经手校对的文溯阁全书难免出错，便主动上奏再赴盛京复校。经乾隆皇帝批准，翌年陆锡熊等人第二次启程前往盛京校阅。在前往盛京的途中，陆锡熊被冰雪困于山海关，因受寒冻加上旅途奔波，抵达盛京不久，这位饱读诗书的名臣陆锡熊即抱病而逝，客死盛京。后由礼部侍郎刘权之接替其职，开始了对文溯阁《四库全书》的第二次校复。第二次复校进行了两个多月告竣完成。文溯阁《四库全书》经过两次复校，查出不少错误，进行了更正，大大提高了全书质量。而陆锡熊作为复校的"领其事者"，尽职尽责，对文溯阁《四库全书》做出了巨大贡献。

二、文溯阁相关研究

对文溯阁建筑、价值及其附属建筑等方面的研究，最早始于 20 世纪初，以文章、照片等形式初见世人，使得宫廷大院内的这组特殊建筑逐渐为世人所知，并开始多方位的研究，留给后人可资借鉴的史料。下面针对不同历史时期重点期刊、论文集论文、硕博士毕业论文、专著进行回顾。

1. 研究论文

（1）新中国成立以前

这一时期研究者包括侵略战争背景下俄国、日本学者及民国时期知识分子。1901 年，（俄）鲁达科夫发表在《海参崴东方学院学报》的《盛京皇宫与皇家藏书楼——1901 年夏盛京考察成果录》。作者记录了 1901 年海参崴东方学院教授鲁达科夫率队前往盛京调查皇家藏书情况，并对文溯阁、崇谟阁等处藏书进行盘点，对文溯阁建筑进行较为详细的描写。1905 年，（日）伊东忠太奉东京帝国大学之命赴盛

京进行建筑调查，主要负责历史方面考察研究，其在 1945 年出版《中国建筑装饰》一书。1905 年，（日）大熊喜邦以研究生身份随伊东忠太对中国东北建筑进行考察，1910 年，在日本《建筑世界》发表《奉天的文溯阁》一文，并附有 1905 年日俄战争期间绘制的文溯阁平面图。1924 年，（日）伊藤清造在"满铁"工业专门学校任教期间，率领建筑分科 9 名学生对沈阳故宫进行了三周的考察，1929 年，伊藤出版有《奉天宫殿建筑图集》一书，收录文溯阁相关照片及测绘图。1940 年，（日）原觉天发表于《"满铁"调查部资料》的《奉天古典资料考》。1947 年，郝瑶甫发表于《东北文物展览会集刊》的《沈阳故宫藏书记》。同年，李符桐发表于《东北文物展览会集刊》的《文溯会阁的今昔》。

（2）1980 年代

1980 年，许碚生、李春秋发表于《四川图书馆》学报的《我国古代藏书史话》对我国

古代藏书楼的起源、发展，《四库全书》纂修信息，天一阁、文渊阁的建筑源流与空间布局进行研究。1982 年，孙步锋发表于《图书馆学研究》的《清代"七阁"释义》对"四库七阁"的名称源流简单论述。1986 年，林田发表于《瞭望周刊》的《文溯"〈四库〉"今无恙》。1989 年，章采烈于《图书馆学刊》发表《文溯阁与乾隆御制诗》对文溯阁名称由来、书籍辗转流传及乾隆帝《题文溯阁》御制诗进行简要分析。

（3）1990 年代

1990 年王惠洁发表于《图书馆学刊》的《沈阳故宫藏书浅记》，文章对文溯阁建筑特色、书籍装帧特点、文溯阁保管制度简要论述。1995 年董慧云发表于《中国档案》的《张学良倡导影印〈四库全书〉》论述张学良捐资 20 万元创办"奉天文溯阁《四库全书》校印馆"，并主张影印文溯阁《四库全书》一事。1996 年张瑞强发表于《社会科学辑刊》的《文溯阁〈四库全书〉的两次复校》是学界最早有关乾隆五十五年（1790）、五十七年（1792）文溯阁《四库全书》两次系统性复校的研究性文章。1997 年初国卿发表于《辽宁广播电视大学学报》的《叩访文溯阁》从"四库"文脉传承、纂书史事钩沉、"四库七阁"营建等方面论述文溯阁史话。

（4）2000 年代

2001—2007 年文章多为文溯阁《四库全书》保存地点争论性文章。2007 年以后随着"四库学"研究的兴盛，历史文献、版本目录、校勘、辑佚研究文章逐渐增多。2001 年李国庆在《图书馆工作与研究》发表金梁《〈四库全书纂修考跋〉及相关内容考释》，对金梁手稿中《上徐菊师书请还文溯阁〈四库全书〉》一文进行分析，认为"金梁先有请还文溯阁《四库全书》之议，故其功不可没矣"。2003 年邓庆、王建芙发表于《中国地名》的《文溯阁与〈四库全

书〉分离始末》，全文分为"文溯阁建立和《四库全书》归架""《文溯阁四库全书》奉调进京和索回""《文溯阁四库全书》的两度分离和东北人民对书阁合一的渴望企盼"三部分，对文溯阁相关史实进行梳理。2003 年朱立芸、高翔、王旭东在《丝绸之路》发表《甘肃与文溯阁〈四库全书〉》，陈述甘肃省保护文溯阁《四库全书》的优势，主张维持现状。2004 年，西北师范大学博士研究生郭向东毕业论文《文溯阁〈四库全书〉的成书与流传研究》全文分四部分。"文溯阁《四库全书》编纂""文溯阁《四库全书》的修订""文溯阁《四库全书》的流传""文溯阁《四库全书》的保存现状与利用"从历史文献、版本目录、辑佚学等角度研究文溯阁本《四库全书》，是目前为止唯一一篇研究文溯阁《四库全书》的博士论文。2007 年南京师范大学硕士研究生袁芸毕业论文《〈文溯阁四库全书提要〉别集类辨证》对 1935 年金毓绂主持编纂的《文溯阁四库全书提要》中"集部""别集类"与《四库全书总目》《文渊阁〈四库全书〉提要》等材料对比研究，结合名家目录、史书地方志等相关资料，对其书篇名、篇卷、姓名字号、时间、职官、史实以及其他方面进行辨证，订正讹误九十五条。

（5）2010 年代及以后

2011 年许雅玲发表于《兰台世界》的《古代皇家藏书楼防火典范及其措施》对文溯阁防火措施简要论述。2012 年邓庆发表于《沈阳故宫博物院院刊》的《民国时期沈阳故宫古建筑的使用与修缮》对民国时期沈阳故宫文溯阁区域的建筑管理、使用、修缮、增建进行论述。2012 年兰州大学硕士研究生苑高磊发表毕业论文《〈文溯阁四库全书提要〉史部提要辨证》。全文分三部分。第一部分是对《文溯阁提要》成书的介绍；第二部分是对《文溯阁提要》史

部提要的辨证；第三部分是对《文溯阁提要》所存在的问题及原因分析。将《文溯阁四库全书提要》中"史部提要"与《〈四库全书〉总目提要》《文津阁提要》以及文渊阁书前提要进行比较，指出其存在的错误。分析造成这些错误的原因，即主要是由于不同版本《提要》撰写者学术观点差异、卷数计算错误、《四库全书》多次修改以及人为的抄撰失误等。2013 年汪受宽、安学勇于《历史文献研究辑刊》发表《文溯阁本〈四库全书〉〈易图说〉校勘研究》，本文以其经部《易图说》一书与影印文渊阁本书对校，发现二本文字、卦图及格式等方面存在 114 处差异，甚至此有彼无的整篇文字和二者皆错的地方。文章分析了造成这些差异的原因，认为二本抄写和校勘质量各有优劣。2014 年廖勇于《廊坊师范学院学报》发表《文溯阁〈四库全书〉成书时间考》。作者认为文溯阁动工的时间是在乾隆四十六年（1781）初，其竣工于乾隆四十七年（1782）正月乙卯。2015 年赵梅春在《图书馆工作与研究》上发表《金毓黻与文溯阁〈四库全书〉》，作者认为金毓黻曾倡导选印文溯阁《四库全书》主持汇刊《文溯阁四库全书提要》，有效地阻止了国民党教育部在东北解放前夕将文溯阁《四库全书》运往南京，使之免受转置迁徙之损失。他还通过对文溯阁《四库全书》的研究，提出了《〈四库全书〉提要》并不优于《四库全书总目》。《四库全书总目》之存目也具有重要的学术价值，《四库全书》所收之书多佳本等观点，澄清了学者有关《四库全书》的一些模糊认识。2016 年王爱华、张倩在《中国文化遗产》发表《文溯阁建造缘起及特色述略》。作者认为：文溯阁在建筑规制、建筑功能和理念上，既是仿照江南著名藏书楼天一阁，以"天一生水"为理念进行建造的，又根据传统的做法和陪都宫殿建筑

的特殊身份而多有发展和创新，形成了自己独特的建筑风格和艺术特色。2020 年琚小飞发表在《文献》的《文溯阁〈四库全书〉的撤改与补函以相关档案为中心的考察》认为文溯阁《四库全书》自入藏时即已有撤改之举，直至嘉庆十二年补函工作结束才最终成帙。整个撤改书籍的过程非常繁复，以往学界主要关注点在文溯阁书的两次复校，而对不同时期的撤改着墨较少，特别是复校开始前和嘉庆八年续缮书籍之前对阁书的抽换，这是文溯阁书得以完帙的关键。同时，阁书的撤改直接导致某些书籍的进呈本与阁本内容相异，甚至各阁本之间亦有不同。因此，追溯各阁书籍异同时，切不可一味认定是底本撤换而致。

2. 研究专著

最早出版物为《文溯阁四库全书提要》，是伪满时期金毓黻主持伪国立奉天图书馆时抄校而成的，1935 年由辽海书社排印出版，2014 年中华书局再版。这是第一部公开出版的《四库全书提要》。《文溯阁四库全书》提要与《四库全书总目》及文渊阁、文津阁本《四库全书提要》有很大差异，这对于文史及传统国学的研究者都有重要的参考价值。

1938 年伪满时期伪国立奉天图书馆出版《文溯阁四库全书要略及索引》。本书内容包括全书概略、本阁沿革、印行原本提要、乾隆《御制文溯阁记》《文溯阁四库全书运复记》《文溯阁四库全书逐架册数表》《文溯阁四库全书旧书库书架配置图》《文溯阁四库全书新书库书架配置图》《文溯阁四库全书抄补书名表》《简明目录》《文溯阁四库全书无书名表》等内容。其中最有价值的部分是详细记录当时文溯阁四库全书的数量，以及各书作者、书名、函数、卷数、册数、排架位置等，并对原阁（及新建

书库）书架排列位置作以图示记录，为了解清代全书具体情况和在阁内陈列状况提供了重要依据。

2003 年甘肃省图书馆出版《影印文溯阁四库全书四种》。是书从《文溯阁四库全书》四类中各选择一种，分别是经部宋代吴仁杰的《易图说》、史部元代李好文的《长安志图》、子部明代沈继国的《墨法集要》和集部明代康万民的《璇玑图诗读法》汇为一函，影印出版。

2017 年沈阳故宫博物院联合天津大学合作出版《文溯阁研究》一书。《文溯阁研究》首先从宁波天一阁谈起，分析其独特的建筑园林形制对江南藏书楼及后来四库七阁的影响，再梳理《四库全书》的编纂和七阁的兴建，按照营建顺序依次介绍七组建筑，比较它们异同，并从七阁命名入手，剖析其"写仿天一"的深层次文化内涵。从第三章开始，基于文献档案

汇整、现场测绘调研和科学技术分析，从文溯阁的历史沿革、建筑艺术、结构技术和空间性能，以及最新保护手段等方面进行综合论述。本书从宏观到细节，不仅为读者展示沈阳故宫文溯阁的建筑成就，也要将其放在大的历史背景和同系列建筑的对比中，打通南方私家建筑和北方皇家建筑之间的研究壁垒，跳出地域性建筑的研究窠臼，从更广阔的视野下对沈阳故宫文溯阁进行研究，并且为其保护工作提供参考和借鉴。

2017 年，汪受宽、安学勇的《文溯阁〈四库全书〉四种校释研究》是对 2003 年甘肃省图书馆出版的《影印文溯阁四库全书四种》进行的系统校释和研究，并将其与文渊阁本进行对勘，发现这四种书的文溯阁本和文渊阁本种文字、图片差异颇多，还存在内容不同和可以互补的缺佚。

文溯阁相关研究论文汇总表

序号	作者	论文名称	期刊／论文集／硕博毕业论文	出版时间
1	（俄）鲁达科夫	《盛京皇宫与皇家藏书楼——1901 年夏盛京考察成果录》	（日）《海参崴东方学院学报》	1901 年
2	（日）大熊喜邦	《奉天的文溯阁》	（日）《建筑世界》	1910 年
3	（日）原觉天	《奉天古典资料考》	《满铁调查部资料课》	1940 年
4	郝瑶甫	《沈阳故宫藏书记》	《东北文物展览会集刊》	1947 年
5	李符桐	《文溯会阁的今昔》	《东北文物展览会集刊》	1947 年
6	许碚生、李春秋	《我国古代藏书史话》	《四川图书馆学报》1980（4）	1980 年
7	孙步峰	《清代"七阁"释义》	《图书馆学研究》1982（2）	1982 年
8	王成民	《略谈沈阳故宫古建筑彩画的特点》	《沈阳故宫博物馆文集》	1985 年
9	林田	《文溯"〈四库〉"今无恙》	《瞭望周刊》1986（12）	1986 年
10	章采烈	《文溯阁与乾隆御制诗》	《图书馆学刊》1986（6）	1986 年
11	佟悦	《金梁与初期的沈阳故宫博物馆》	《中国博物馆》1989（4）	1989 年
12	王惠洁	《沈阳故宫藏书浅记》	《图书馆学刊》1990（5）	1990 年
13	董慧云	《张学良倡导影印〈四库全书〉》	《中国档案》1995（10）	1995 年
14	张瑞强	《文溯阁〈四库全书〉的两次复校》	《社会科学辑刊》1996（3）	1996 年
15	杨道明	《〈四库全书〉与其典藏建筑》	《中国紫禁城学会论文集》（第一辑）	1996 年
16	初国卿	《叩访文溯阁》	《辽宁广播电视大学学报》1997（1）	1997 年
17	李建东	《盛京文溯阁今昔》	《风景名胜》1998（6）	1998 年
18	李国庆	《金梁〈四库全书〉纂修考跋》及相关内容考释》	《图书馆工作与研究》2001（2）	2001 年
19	朱立芸、高翔、王旭东	《甘肃与文溯阁〈四库全书〉》	《丝绸之路》2003（3）	2003 年
20	邓庆、王建芙	《文溯阁与〈四库全书〉分离始末》	《中国地名》2003（5）	2003 年
21	郭向东	《文溯阁〈四库全书〉的成书与流传研究》	西北师范大学博士研究生毕业论文	2004 年
22	邓庆	《张学良对沈阳故宫的贡献》	《中国地名》2005（4）	2005 年
23	周永利	《文溯阁〈四库全书〉在甘肃四十年》	《图书与情报》2005（4）	2005 年
24	刘梅兰	《文溯阁〈四库全书〉保存甘肃的理由初探》	《新西部》（下半月）2007（1）	2007 年
25	袁芸	《〈文溯阁四库全书提要〉别集类辨证》	南京师范大学硕士研究生毕业论文	2007 年
26	罗瑛、袁芸	《〈金毓黻手定本文溯阁四库全书提要·别集类〉补正〈四库全书总目〉举例》	《图书馆学刊》2007（5）	2007 年
27	王丽	《文溯阁及其〈四库全书〉》	《沈阳故宫博物院院刊》2008（1）	2008 年
28	许雅玲	《古代皇家藏书楼防火典范及其措施》	《兰台世界》2011（3）	2011 年
29	邓庆	《民国时期沈阳故宫古建筑的使用与修缮》	《沈阳故宫博物院院刊》2012（1）	2012 年
30	苑高磊	《文溯阁四库全书提要》史部提要辨证	兰州大学硕士研究生毕业论文	2012 年
31	初国卿	《"文溯阁"八题》	《文化学刊》2012（5）	2012 年

续表

序号	作者	论文名称	期刊／论文集／硕博毕业论文	出版时间
32	李理	《煌煌巨著 天下七阁 清宫〈四库全书〉及藏书阁》	《收藏家》2013（1）	2013 年
33	汪受宽、安学勇	《文溯阁本四库全书〈易图说〉校勘研究》	《历史文献研究》2013（1）	2013 年
34	武斌	《沈阳故宫文溯阁〈四库全书〉辗转流传记略》	《沈阳故宫博物院院刊》2014（1）	2014 年
35	廖勇	《文溯阁〈四库全书〉成书时间考》	《廊坊师范学院学报》（社会科学版）2014（2）	2014 年
36	赵梅春	《金毓黻与文溯阁〈四库全书〉》	《图书馆工作与研究》2015（7）	2015 年
37	车冰冰	《沧桑史书 书阁别离——文溯阁与〈四库全书〉辗转分离探究》	《知识文库》2016（12）	2016 年
38	王爱华、张倩	《文溯阁建造缘起及特色述略》	《中国文化遗产》2016（5）	2016 年
39	赵继宁	《试论〈四库全书〉库本提要之价值——以〈文溯阁四库全书提要·易类〉为例》	《北京科技大学学报》（社会科学版）2017.33（04）	2017 年
40	荣幸、杨菁、刘鹏鹏	《京国略欣渊已汇，陪都今次溯其初——〈四库全书〉藏书楼盛京文溯阁内檐装修与陈设研究》	《建筑史》2017（2）	2017 年
41	董大一	《世界记忆遗产名录——董众对〈四库全书〉的整理、保护与传播》	《四库学》2017（1）	2017 年
42	汪受宽	《文溯阁本〈四库全书〉的播迁及其价值》	《中国四库学》2018（2）	2018 年
43	王爱华、李智慧	《文溯阁本〈四库全书〉庋藏史事述议》	《中国四库学》2018（2）	2018 年
44	董大一	《董众汇编文溯阁〈四库全书书前提要〉考——辽档藏手稿新发现》2019-05-31	《四库学》2019（2）	2019 年
45	琚小飞	《文溯阁〈四库全书〉的撤改与补函——以相关档案为中心的考察》	《文献》2020（2）	2020 年
46	王雨潇	《四库七阁碑刻的内容梳理与南北差异分析及原因初探》	中国图书馆学会年会论文集（2020）专题资料汇编	2020 年
47	高怡	《文溯阁〈四库全书〉影印出版工程探析》	《传媒论坛》2020.3(24)	2020 年
48	田竞	《文溯阁本〈四库全书〉排架错舛问题考订》	《中国四库学》2020(02)	2020 年
49	李洁	《文溯阁〈四库全书〉中国历史文化遗产的影响力研究》	《江西电力职业技术学院学报》2021.34（03）	2021 年
50	岳翠红	沈阳故宫崇政殿和文溯阁的结构及抗震性能研究	天津大学硕士研究生论文	2021 年
51	庄策	《文溯阁〈四库全书〉移送、缮竣、校对考述》	《沈阳故宫学刊》2021（01）	2021 年
52	赵彦昌、高雅婷	《从〈黑图档〉看文溯阁所藏古籍的管理与保护》	《北京档案》2021(10)	2021 年
53	赵彦昌、高雅婷	《盛京内务府抄本档案〈黑图档〉所见文溯阁藏书管理》	《满族研究》2021(04)	2021 年
54	陈军、张超	《文溯阁本〈四库全书〉在甘肃辗转存藏考略》	《图书与情报》2021(06)	2021 年
55	高雅婷	《〈黑图档〉所见文溯阁档案研究》	辽宁大学硕士研究生毕业论文	2022 年
56	刘婷、崔溶芷	《数据智能驱动下的〈四库全书〉保护与开发——以文溯阁〈四库全书〉为例》	《陇东学院学报》2022.33(03)	2022 年
57	李芬林、张丽玲、刘婷	《试述口述史在〈四库全书〉流传保护研究工作中的创新意义——以"文溯阁〈四库全书〉入甘55年口述史研究"项目为例》	《四库学》2022(02)	2022 年

续表

序号	作者	论文名称	期刊 / 论文集 / 硕博毕业论文	出版时间
58	岳庆艳	再谈文溯阁本《四库全书》影印出版的机遇、挑战、价值	《四库学》2020(02)	2023 年
59	何晓箐	文溯阁本《四库全书》中的外籍人士著述探析	《丝绸之路》2023(03)	2023 年
60	王米雪	《〈四库全书〉所收〈山海经〉底本考辨——以文渊阁本、文津阁本、文澜阁本、文溯阁本为例》	《古典文献研究》2023(02)	2023 年

文溯阁相关研究专著汇总表

序号	作者	书名	出版社	出版时间
1	金毓黻等	《文溯阁四库全书提要》	辽海书社	1935 年
2	伪国立奉天图书馆	《文溯阁四库全书要略及索引》	兴亚株式会社	1938 年
3	甘肃省图书馆	《影印文溯阁四库全书四种》	上海古籍出版社	2003 年
4	白文煜、王其亨主编，杨菁、李声能、白成军著	《文溯阁研究》	天津大学出版社	2017 年
5	汪受宽、安学勇	《文溯阁〈四库全书〉四种校释研究》	兰州大学出版社	2017 年

第五章 文溯阁管理与维护

一、文溯阁事务的管理

二、文溯阁建筑的管理

三、文溯阁修缮工程申报、立项

一、文溯阁事务的管理

文溯阁建成后，即投入了乾隆皇帝第四次东巡盛京的使用。嗣后，清政府为文溯阁的相关事务管理特别成立了专门的机构，对其实施规范细致的管理，尤其对阁内存放的《四库全书》进行了妥善的管理与处置。后来，受当时东北地区局势的影响，又将《四库全书》辗转外运，虽经运回，最终还是远赴兰州，存至今日。

1. 清朝时期

有清一朝，文溯阁同盛京故宫其他宫殿一样，由盛京内务府统辖管理。为加强管理文溯阁事务，乾隆四十八年（1783）九月成立文溯阁事务处，设"九品催长，无品级催长，各一人"[1]。贮存的《四库全书》"均系奉天府府丞、治中专管承办"。

关于清代文溯阁陈设问题，有据可查的档案材料是道光二十七年（1847）《翔凤阁恭贮宫殿各宫并文溯阁、夏园、广宁行宫陈设器物清册》，载文溯阁内有陈设 95 件。

文溯阁《四库全书》防潮晾晒，由文溯阁事务处催长负责，主要是对全书进行防潮、防尘处理和晾晒。每年，催长按例需上呈盛京工部，申请领取樟脑、野鸡尾掸子以备应用。如乾隆四十九年（1784），"盛京工部为咨行事，右司案呈准盛京内务府咨取文溯阁内熏用潮脑六十六斤，掸尘野鸡毛尾掸八把，鸡毛掸八把前来，除将潮脑、毛掸剾行各处发给外，并知照盛京总管内务府派员赴库领取应用可也"。乾嘉时期这类档案非常多。为避免书籍遭受虫蛀潮湿，每年定期按例对书籍进行通风晾晒，晒书通常在六月进行。每年六月前，根据催长的上报，由奉天提督学政衙门组织相关人员订出具体晒书时间，同时派员会同宫殿内查勘地点。清帝退位后，盛京内务府文溯阁《四库全书》

---

1. 辽宁省档案馆藏《盛京内务府档》。题名：为奏请因新建文溯阁添放催长等缺事折，档号：JB7-1-379-69。

的管理亦即告终。

2. 民国时期

1915 年，袁世凯以"防备兵变"为由，要求"奉天的典籍"必须转移。奉天的督军段芝贵将沈阳故宫文溯阁所藏《四库全书》《钦定古今图书集成》运往北京，置于保和殿处，归北平古物陈列所管理。

1925 年 6 月，奉天教育会会长冯广民赴北京参加"清室善后会议"，在参观古物陈列所时，看到被冷落在保和殿的文溯阁《四库全书》，欲将之索回。当时正值奉系军阀在第二次直奉战争中获胜，控制北京政局，于是冯广民向张学良、杨宇霆以及莫德惠、梁玉书等人求助，回沈后又请奉天省省长王永江出面电告在天津的张作霖，张作霖回电，要王永江放心此事定可办到。杨宇霆亦电报执政府要求归还文溯阁《四库全书》。不久内阁会议批准文溯阁《四库全书》归还奉天保存议案，并责人清点。王永江得到消息后，派冯广民等人连夜进京，办理接收事宜。8 月 7 日，36000 册《四库全书》和 5000 余册《古今图书集成》运回奉天。

1926 年 11 月 15 日，文溯阁修缮完毕。1927 年初，重新将《四库全书》藏于沈阳文溯阁中，并成立了"文溯阁《四库全书》保管委员会"，以保护此书。全书能够完璧归赵，成为东北三省的一大盛事。时任省议会秘书、省政府政务秘书长的金毓黻，也曾感叹此事，在日记中写道：

> 诣西华门省教育会，参观文阁贮藏《四库全书》，其款式，装潢一如文津本，余间数，缮写亦精，机下贮经，中层贮史，上层贮子、集，下层中部贮《图书集成》。此为刊本，装潢亦

同《四库》。贮书之架系木制，其排列法一如清宫之旧。此书于民国初元运往北京，去年索回，复归原处，由教育会保管。[1]

1931 年 6 月，奉天省教育会为了纪念《四库全书》的回归，并以此告诫后人，不要再次失散全书，由董众撰文《文溯阁四库全书运复记》，雕刻于石碑，嵌于碑亭东侧墙内，其详细记载了文溯阁《四库全书》的复运以及书目补修的过程与艰难。

1931 年九一八事变之后，东三省沦陷，1932 年 5 月，伪国立奉天图书馆成立，文溯阁《四库全书》划归伪国立奉天图书馆，金毓黻任副馆长。1932 年 9 月至 1933 年 3 月，历时 6 个月，对《四库全书》进行了一次彻查：

> 计上层子部二十二架（现改为三十三架），一千五百十四函、九千零七十一册、五十六万六千七百七十九页；集部二十八架（现改为四十二架），二千零一十六函、一万二千二百六十五册、六十七万零四百九十四页；中层（现改下层）史部三十三架、一千五百八十四函、九千四百零八册、七十万三千二百一十七页；下层经部二十架、九百六十函、五千五百零九册、三十六万五千八百七十五页；殿本《图书集成》十二架、五百七十六函、五千零二十册。此外，复有殿本《四库总目》二十函、一百二十七册；内府写本，《四库全书考证》十二函、七十二册。不归架，侧面则子部用青绢，集部用灰绢，史部用红绢，经部用绿绢，《图书集成》及《总目考证》等用黄绢。至于全书内容，经本馆此次彻底清查，其通行本《简明目录》，虽经着录，而本阁实无其书，及有函无书，卷数缺佚，或卷数重复，前无提要各项，并皆列表以详，以

---

1. 金毓黻：《金毓黻文集》第 2135 页，辽沈书社，1993 年。

明真相。[1]

1935 年，由于文溯阁年久失修，出现渗漏现象，遂在文溯阁前西南处修建了一座钢筋水泥结构的二层书库，称为"新阁"（俗称"水泥库"），1937 年 6 月竣工，文溯阁《四库全书》和《古今图书集成》全部移入新阁，原配书架仍留在文溯阁之中。全书被转移，但新阁藏书顺序仍旧不变，书架统一改为四格。

文溯阁书库，建筑迄今，已百五十余年。以其经此悠久岁月，故渗倾圮、势所难免，以藏珍帙，实非所宜。本馆有鉴及此，爰于（伪）康德二年（1935），请准文教部，批拨巨款，重建二层楼房之新书库于院之西南，内部结构皆依照现代之藏书库，不仅无渗漏之虑，对防火险，尤为注意。书架皆以钢制，门窗悉包铁叶，以期万全。外部则飞阁雕墙，仍仿旧制。已于四年（1937）季夏，将书移入。意必为关心国宝之士所许也。[2]

抗日战争胜利后，1946 年 4 月，当时东北教育接收辅导委员会命金毓黻、周之风等人，接收了伪国立奉天图书馆，改称沈阳图书馆，其中也包括文溯阁《四库全书》。1947 年 1 月，国立沈阳博物院筹备委员会成立，沈阳图书馆为该院图书馆，馆址在沈阳故宫。1948 年 6 月，国民党政府将文溯阁《四库全书》运至北平。文溯阁《四库全书》原拟运至南京中央博物院筹备处。据南京电文："函电奉悉文《四库全书》运至南京，暂存中央博物院筹备处。原为中央保存国粹，迟免意外之一实措范。俟东北局势安定，即当运回。"

3. 新中国成立以后

1949 年 4 月北平解放后，《四库全书》又一度被运回沈阳。东北图书馆（现辽宁省图书馆）接收了国立沈阳博物院图书馆的全部藏书，其中文溯阁《四库全书》仍存放于新阁（水泥库）。为了更好地保存全书，东北人民政府还派专人对《四库全书》进行了一次仔细的清点。

中华人民共和国成立后，文溯阁《四库全书》作为国家珍贵文物成为重点保护对象。1950 年朝鲜战争爆发，作为国家珍贵文物的文溯阁《四库全书》于同年 10 月，又再次被运出沈阳，先是运送到黑龙江省讷河县城外的一所小学校中。翌年夏天，县城发生水患，又将《四库全书》迁运至黑龙江省北安县。朝鲜战争结束后，《四库全书》被重新运回沈阳，继续收藏在文溯阁旁的新阁（水泥库）中。

辽宁省图书馆接收文溯阁《四库全书》之后，更加重视其保护工作。1965 年 6 月，对文溯阁《四库全书》又进行了一次清点，较上次更加认真、彻底。这次清点历时一个多月。逐册、逐页对《四库全书》进行了彻底清查，并对书中出现斑点、虫蛀、水渍、破损以及函匣破损等情况做了详细记录。用了近半年时间，对存在受潮霉烂等情况的一百余册《四库全书》进行了彻底修补、重新装裱，对这些书的保护起到了重要作用。

20 世纪 60 年代中期，受政治局势影响，为了确保文溯阁《四库全书》的安全，1965 年初，辽宁省文化厅向文化部提出了将文溯阁《四库全书》拨交西北地区图书馆保藏的建议。1966 年 3 月 7 日，甘肃省文化局（厅）明确答复辽宁省文化厅：

---

1. 金毓黻：《文溯阁四库全书要略》中华书局，2014 年。
2. 支运亭、王佩环：《中国建筑艺术全集·沈阳故宫》中国建筑出版社，1996 年。

你们基于备战需要，曾建议将你省图书馆所藏《四库全书》一部交西北地区图书馆收藏，此事已由我们报请中宣部并中央"文革"小组批准，经与中共中央西北局商量结果，他们已指定由甘肃省图书馆收藏……

中央政府经过慎重考虑，予以批准。决定将其从沈阳调至气候干燥、冷热适宜的兰州，由甘肃省图书馆保管，就这样文溯阁《四库全书》第四次离开了沈阳，从此书阁分离，直至今日。

二、文溯阁建筑的管理

清入关后，作为陪都和皇帝东巡驻跸行宫，盛京宫殿建筑在乾嘉兴盛时期一直受到及时有效的管理和保护，遇有建筑损坏，盛京工部负责维护修缮，同时负责建筑窗扇糊饰和帘架维护事宜。即通过盛京内务府咨文将军衙门，报北京请示维修。此类档案记载颇多，择其两条，举例说明："盛京工部为咨行事，右清吏司案呈，准盛京总管内务府咨开据催长崔起文等呈称，查得本府新建文溯阁所有窗隔糊饰，照依宫殿之例，系一年一次，咨行盛京工部在案""嘉庆二十一年九月，据催长袁福恒等称：'文溯阁内设有竹帘雨搭三十五架，布帘二架，共计三十七架，大黄绒绳共计七十二条，小拴黄绒绳共计二百八十八条，系乾隆四十八建修文溯阁以来并未修理，迄今年久实系破烂糟朽，俱已不堪应用，相应呈请咨报盛京并部，派员查堪修理可也'"[1]。可见，有清一朝，对文溯阁及其附属建筑进行了必要维护和整修。

民国时期，未对文溯阁进行大规模修缮。

1935年，伪国立奉天图书馆以文溯阁多年失修及保护阁内藏书为由，在文溯阁前西南处修建了一座钢筋水泥结构的二层楼书库——新阁（俗称"水泥库"）。1937年夏，将文溯阁藏《四库全书》和《古今图书集成》全部移入新落成的水泥库。1947年，对文溯阁宫门以北的宫殿、值房、围墙，即文溯阁建筑组群加以养护。

1949年新中国成立以后，政府加大对沈阳故宫的保护力度，先后进行了屋面挑顶、油饰等保养工程，加装避雷针；分别在2003年和2008年对屋面、油饰开展保养维修，然后继续开展日常监测巡视工作。历经维修后，沈阳故宫依照世界文化遗产保护相关要求，开展日常的巡视监测工作。1999年，沈阳故宫博物院发布《沈阳故宫古建筑监测保护规定》，规定沈阳故宫古建筑的监测和保护工作，由院古建部负责。监测范围为沈阳故宫全部古建筑，包括房屋、墙垣、砖石地面、雨水沟及古建筑附属物（门石、匾额、对联、石雕、彩画等）。

1.杨丰陌、赵焕林、佟悦主编：《盛京皇宫及馆外三陵档案》第185页，辽宁民族出版社，2003年。

2004 年，沈阳故宫成功列入《世界文化遗产名录》后，我院在《文物保护法》框架下，参照联合国教科文组织《保护世界文化和自然遗产公约》及其《操作指南》相关规定，结合自身特点，加强遗产监测，制定监测方案，对院内古建筑变化进行记录。受当时经济、人力、技术条件制约，监测方式以人工巡视、肉眼观察为主，依据巡视结果对部分特征现象开展记录。根据古建筑本身结构及环境特点，将文物建筑本体以及周围环境均纳为监测对象。

本体方面，对屋面、大木结构、墙体及砖石构件、台基踏跺及散水、地仗油饰及彩画、小木作等变化进行观察记录。监测内容如下：

1. 屋面各构造部位状态，包括夹垄灰状态、瓦脊件健康状态，瓦垄直顺情况；

2. 大木构架整体结构位移、沉陷、挠曲等变形监测；

3. 墙体及砖石构件风化、酥碱、破损及移位变化；

4. 台基踏跺构件的风化、破损及移位（沉降）变化；

5. 木构件表面的地仗油饰及彩画风化、破损变化；

6. 小木作木构件健康、完整、扭转变形等变化。

环境方面，对季节性变化引发的雨雪降水、风力风向、温湿度等环境变化内容，对季节性生物病害发展变化、地面积水排水、局部温差、雪融冻害等情况进行观察；在极端恶劣天气（如大风、冰雹、台风持续降雨等）后进行专项巡查。

以上监测活动随季节变化有不同的频次及观察重点，总体来讲，春季重点观察春融冻化引起的地面沉降、风力监测；夏秋季对生物病害、降水量及积水、排水重点观察；冬季对降雪、低温冻胀等影响因素进行观察。

在日常的人工巡视监测过程中，历经数个春秋逐步观察到文溯阁屋面夹垄灰脱落，屋面生草，瓦垄走闪，檐头部位局部渗漏，椽望、瓦口发生潮湿糟朽；油饰发生变色、起甲，个别檐柱柱根局部地仗脱落，木骨暴露；彩画颜料层逐渐剥落、褪色；台基阶条发生较为轻微的渐进性风化，以及逐年的走闪移位现象。大木结构及墙体在监测过程中未发现明显倾斜变化，也未发现明显的因漏雨导致的木架潮湿糟朽现象。环境监测方面，发现季节性草植生长等生物病害，通过拔草等日常维护去除。

2013 年，我院对文溯阁和碑亭进行了一次全面勘察，发现存在以下问题：

1、瓦作：屋面瓦大部分炸裂、脱位，夹垄灰脱落；局部有渗漏；二层槛墙歪闪，窗户随墙体下沉严重；前檐西侧拱门石璇下沉；地面砖局部酥碱、破损；阶条石局部下沉、移位。

2、木作：连檐、瓦口及檐头椽、望大部分糟朽；檐柱柱角局部也有糟朽。

3、地仗油饰：前后檐柱地仗空鼓、开裂，南侧檐柱局部地仗风化，柱根处木骨暴露；门窗油饰严重褪失。

4、内装修：一、二、三层棚面下沉、开裂；隔扇枝条缺损严重，颜色陈旧。

由此说明，以上病害均为渐进性的病害，尚在可控范围内；但为保证古建筑外观良好、结构健康，保证建筑本体结构延年益寿，应及时启动科学的保护修缮工作。文溯阁及碑亭的整体保护修缮需求日渐紧迫。

对此，沈阳故宫博物院积极筹措准备文溯阁的现状勘查。

三、文溯阁修缮工程申报、立项

2012 年 10 月，基于监测到的变化情况，沈阳故宫博物院委托辽宁省文物保护中心对文溯阁的现状进行了勘察，并将现状问题整理如下：

（1）瓦作：屋面瓦大部分炸裂、脱位，夹垄灰脱落；局部有渗漏；二层槛墙歪闪，窗户随墙体下沉严重；前檐西侧拱门石碹下沉；地面砖局部酥碱、破损；阶条石局部下沉、移位。

（2）木作：连檐、瓦口及檐头椽、望大部分糟朽；檐柱柱角局部也有糟朽。

（3）地仗油饰：前后檐柱地仗空鼓、开裂，门窗油饰严重褪失。

（4）内装修：一、二、三层棚面下沉、开裂；槅扇枝条缺损严重，颜色陈旧。

随后按程序编制立项报告，其中，本轮立项报告对经费估算如下：

	项目名称	金额（万元）
前期经费	本体测绘	13
	病害调查与评估监测	8
	安全风险评估	6
	方案设计	26.7
	招标管理费	5.3
	前期管理费	8
	合计	67
工程经费估算	文溯阁外檐维修	366.78
	碑亭维修	96.75
	文溯阁室内维修	71.18
	合计	534.71
工程总估算		601.71 万元

立项报告经辽宁省文物局提交至国家文物局，申请工程立项。2014年6月6日，沈阳故宫文溯阁修缮工程获国家文物局批复文物保函〔2014〕1819号，同意工程立项，工程性质为修缮工程。国家文物局在立项批复意见中，提出对工程技术方案编制的几点要求：

（一）工程范围为沈阳故宫文溯阁建筑本体。

（二）深化文物现状勘察，明确各类病害的分布位置、范围、产生原因、威胁程度和发展情况，研究传统形制、做法、工艺和材料要求，制定有针对性的保护措施，科学编制实施计划。

（三）修缮工程应以"不改变文物原状"和"最小干预"为原则，尽可能保留、使用原有构件，最大限度地保留历史信息，确保遗产的突出普遍价值、真实性和完整性。

（四）补充文溯阁监测工作的相关设计。

获得立项批复后，我院根据《文物工程保护管理办法》及《文物保护工程勘察设计资质管理办法（试行）》规定。文物保护勘察设计批复意见《文物保护工程设计文件编制深度要求》文件，组织甲级资质的单位进行勘察设计。沈阳故宫博物院委托辽宁省文物保护中心编写设计方案，完成编制后，经辽宁省文物局上报至国家文物局开展方案评审。

2015年6月26日，方案获国家文物局批复，方案批复（文物保函〔2015〕2839号），原则同意所报沈阳故宫文溯阁修缮工程方案。同时，国家文物局还对该方案提出以下修改意见：

（一）深化现状勘察，补充结构整体的安全评估，严格控制干预范围和程度。补充望板、椽子等部位的残损量，进一步明确工程量，并在图纸中进行标注。

（二）查找、分析文溯阁上层槛墙歪闪原因，拟定科学、有针对性的保护措施，而不只是简单拆砌。

（三）进一步明确保护措施的具体做法和要求，如核实内外墙面是否为砂灰打底而非传统做法；屋面翻修时应进一步核实苫背做法；室内天花做法应补充糊纸具体做法要求等。

（四）进一步深化油饰彩画的现状勘察，评估其保护状况，并根据评估结论拟定专项方案，按程序另行报批。

（五）按《古建筑保养维护操作规程》加强对文溯阁的保养维护工作，拟定保养维护工作计划，确定保护维护工作的实施、监督和检查的机构。

针对以上意见，我院与设计单位进行沟通后，经设计方与业主多次配合开展现场补充及相关材料补充，并对意见进行逐一答复，完善落实所有意见，最终形成本次补充方案。该补充方案于2016年12月完成编制，按照国家文物局意见由辽宁省文物局邀请专家召开论证评审会议，完成核准。

方案完成核准后，标志着沈阳故宫文溯阁修缮工程技术方案已经正式完成编制。随后，可依据方案修缮内容，开展施工预算编制，经预算评审后，开展政府采购程序，正式实施。

第六章 文溯阁建筑现状勘察

一、保护单位基本情况

1. 地理概况

　　沈阳故宫位于沈阳市中心，北纬41°48′50″，东经123°27′52″，今属沈河区沈阳路二段。南、西两侧临街道，东临居民住宅区，北侧是沈阳市最繁华的商业区之一——中街，整个建筑群位于沈阳城市中商业、服务业和居民住宅都比较稠密的地区。文溯阁坐落于宫门西路北端中轴线上，碑亭作为附属建筑，位于其东侧。

2. 保护管理基本情况

（1）保护管理机构

　　沈阳故宫博物院

（2）保护范围及建设控制地带范围

　　保护范围：

　　重点保护区：红墙内及墙外东、北各 15 米，西侧至正阳街东侧红线，南至沈阳路南侧红线；南院为院内及院墙外东、南、西侧各 9 米以内。

　　一般保护区：重点保护区外东、北各 45 米，南 30 米，西 45 米以内；南院至重点保护区外东、南、西侧各 21 米以内。

　　建设控制地带：

　　一般保护区外，北墙外 60 米到 120 米之间，控制高度为 9 米以下；120 米到 180 米之间，控制高度为 12 米以下；180 米到中街中心线之间，控制高度为 15 米以下；中街中心线以北 60 米以内，控制高度为 18 米以下。

　　东墙外 60 米到 120 米之间，控制高度为 9 米以下；120 米到 180 米之间，控制高度为 12 米以下；180 米至朝阳街中心线之间，控制高度为 18 米以下；朝阳街中心线以东 60 米以内，控制高度为 24 米以下。

　　西墙外 60 米到 120 米之间，控制高度为 12 米以下；120 米至 180 米之间，控制高度为 18 米以下；180 米至 240 米之间，控制高度为 24 米以下。

3. 历史维修记录（略）

二、建筑形制勘察

1. 文溯阁

文溯阁建于乾隆四十六至四十七年（1781—1782），坐北朝南，建于台基上，占地面积403平方米，建筑面积745.8平方米，高15.68米，为硬山楼阁式建筑，外观分为上、下二层，实际共三层，下层391.9平方米，中层118.8平方米，上层235.1平方米。该建筑通面阔25.84米，通进深14.76米。有前、后走廊腰檐，腰檐明间面阔5.1米，柱高3.73米。次间、梢间、尽间的面阔尺寸分别为4.34米、4.34米和1.77米。

文溯阁下层前后辟走廊，走廊宽1.950米，前廊两端设圆形券门，后廊两端砌方形门洞。前廊明间和次间共三间槅扇，退至金柱，内退1.590米，形成内凹前廊总宽度达3.540米，在入口处形成近50平方米的过渡空间。

文溯阁中层仅有东、西梢间及其连接的走廊，中央三间通高，为广厅的上部空间。走廊位于后部通柱与金柱之间，北侧装槅扇，列书架，南侧则沿内金柱，施栏杆，下临广厅，走廊净宽850毫米。东、西梢间在其两侧设置书架、槅扇、栏杆。西梢间的南侧未铺设楼板，仅沿金柱装栏杆，栏杆高490毫米，临下层。东梢间的南侧铺设楼板。

文溯阁在三层南北两面各辟走道，走道外侧开窗。走道内侧根据柱子的位置，分为五间。各间平面配置与书架排列相同，主要沿各缝梁架布置两排书架，各间中央还布置四至六个书架，仅明间中央两个书架之前设置御榻。

文溯阁前有悬山琉璃瓦顶宫门，后有抄手廊和硬山卷棚顶的仰熙斋、九间殿等，都属于此阁的配套建筑。整体风格仍与皇家园林相似，与嘉荫堂单元共同构成沈阳故宫内富有文化休闲韵味的部分。

（1）台基、踏跺

文溯阁台基前出月台，月台高0.71米，南北深4.48米，东西宽26.1米，面积116.928平方米，月台四角设置角柱石，周围以城砖砌筑，其上加阶条石。月台南侧正中设置两级踏步，与院中丹陛桥相连。文溯阁南北侧通过降低标高的甬路分别与宫门和仰熙斋连接。这种标高上的变化显得整个院落景观错落有致，情趣盎然。两侧券门下设五级垂莲踏跺，可直通檐下的房廊。这样的设计不仅方便出入，而且也增加了建筑主体的透视层次。

(2) 地面、墙体

地面采用 400 毫米 ×400 毫米青砖铺墁，为十字缝砌法。山墙采用青砖砌筑，有下碱和墙身。下碱墙高 1.15 米，是用压面石、角柱石和青砖砌筑，青砖露明，为十字缝、淌白和丝缝砌法。青砖规格 450 毫米 ×200 毫米 ×100 毫米；墙身上皮直至博风砖通高抹白灰。东西两面山墙顶端排山博风及墀头部位盘头均采用绿色琉璃砖。两山除博风砖和挑檐石利用绿琉璃装饰外，南端前廊位置即一层出檐部分的山墙两侧还分别开辟了精巧的券门。券门上镶嵌由琉璃构件组成的垂花门罩，两侧有垂莲，门罩上有篆书体"万寿无疆"琉璃浮雕。绿色琉璃的运用，打破了山墙因高度过高而显现出的压抑感，相反使得整个山墙更具悠然的美感。

(3) 大木构架

文溯阁大木构架采用七檩抬梁硬山结构形式，前后出廊。文溯阁柱子均为圆柱。二层在进深方向上采用四排柱子。金柱与檐柱之间，有穿插枋和抱头梁相连接。金柱之间有随梁连接，其上为五架梁。面阔方向上设计有七列柱子，沿面阔方向按清式常规做法安设檩垫枋。一层南北向相对于二层向外扩充一间，亦通过穿插枋和抱头梁连接。柱子地仗采用一麻五灰地仗。柱子室外部分漆以绿色，室内部分为红色。上部梁架地仗油饰为红色。二层、三层地面为木质楼板，表面为红色。文溯阁彩画为苏式彩画，分布在抱头梁、穿插枋以及外檐的檩

垫枋上，颜色以蓝、绿、白、黑等冷色调为主，绘以"河马负书"、"翰墨册卷"、书函、蛟龙等图案。

(4) 屋面木基层

由橡子、飞橡、连檐、瓦口、望板等组成，橡飞 120 毫米 ×120 毫米，望板 3 厘米。望板橡子室内部分均为红色油饰，室外部分为绿色。飞橡头为万字彩绘，橡子头为虎眼彩绘。连檐瓦口均为绿色油饰。

(5) 屋顶瓦面

屋面为硬山式，屋顶铺绿剪边的黑色琉璃瓦。各条屋脊采用了海水流云的绿色琉璃构件，而且各个脊兽被绿色云头状琉璃构件所取代，以象征水从天降，以水压火之意。瓦件分为黑色筒板瓦、绿色筒板瓦、绿色琉璃勾头和滴水、勾头上置绿色瓦钉帽。

(6) 木装修

一层明间及东西次间辟有五抹直棂槅扇门，室外部分边框为黑色，棂条为绿色，裙板及绦环板为白色。东西稍间槛墙上置有三抹直棂槅扇窗，室外部分边框为黑色，棂条为绿色，裙板为白色。

一层横批部分，室外部分边框为黑色，棂条为白色。上层各间均安装有三抹直棂槅扇窗，室外部分边框为黑色，棂条为绿色，裙板为白色。各个门窗露于室内的部分均漆为红色。夹层东西两端面阔各一间，外置木栏杆，木栏杆上各设置四扇花格窗。三层南向金柱面阔方向之间采用落地罩。西尽间内设木楼梯，均为红色。

顶层采用海墁式天花，由木顶隔、吊挂等构件组成。底层局部采用海墁式天花，天花板上绘有团龙图案。

2. 碑亭

碑亭建于文溯阁东侧，为满堂黄琉璃瓦四

角攒尖盝顶式建筑。建于乾隆四十七至四十八年（1782—1783）。建筑面积 61.7 平方米，高 9.55 米。面阔三间，进深三间，五踩单翘单昂斗栱。檐下斗栱饰青绿墨线彩画，拱垫板绘三宝珠图案。檩枋绘烟琢墨石碾玉旋子彩画。亭内上置夔龙井口天花。檐柱髹以红漆。碑亭四角围砌曲尺形砖墙至檐下，外罩红色饰面。四面当心间开敞，置有 2 米高红色栅栏门。

(1) 台基、踏跺

台基平面呈正方形，边长 7.855 米，高 715 毫米，青砖砌筑，有土衬石和阶条石。东南西北正中各设踏步五级，四角置角石。

(2) 地面、墙体

碑亭在四角以柱子为边界围砌曲尺形砖墙至檐下。山墙采用城砖砌筑，有下碱和墙身。下碱墙青砖砌筑，砌法为"十字"淌白丝缝，青砖规格 380 毫米 ×180 毫米 ×105 毫米，下碱高 1.025 米；墙身从下碱上皮直至墙顶外罩土红色涂料。地面采用 400 毫米 ×400 毫米方砖"十字缝"铺墁。

(3) 大木构架

碑亭为四角攒尖盝顶建筑。在平面四角各设角柱一根，角柱沿面阔进深方向各增加柱一根。平面共布置圆柱 12 根。檐柱上为平板枋，平板枋高 135 毫米，宽 265 毫米，上置五踩单翘单昂斗栱，斗口宽 70 毫米。明间设四攒平身科斗栱，次间设一攒平身科斗栱。正心枋上承托檐檩，直径 200 毫米。柱头科最上层虽无梁架构件，但似抱头梁出头，宽 160 毫米，其上承托挑檐檩，直径 135 毫米。角科斗栱上承托递角梁，递角梁上翘后尾承托金枋，金枋高 225 毫米，宽 155 毫米。各攒斗栱里拽为溜金斗栱起秤杆，与外拽非一整木制作，如斜撑一样支于金枋下，并无杠杆作用，起秤杆中部雕垂莲柱，起秤杆身上置撑头木到达金枋，撑

头木在里拽安装三层横栱，耍头里拽部分雕刻呈波浪状。金枋上置金檩与角梁后尾，金檩直径 200 毫米，角梁后尾续接由戗支撑雷公柱。金枋内侧承载内部天花枝条，枝条将天花分为二十五块。屋顶举架檐步用四五举，脊步用五五举，仔角梁向上冲出，使得翼角结构翘起较多。望板上施苫背，并在靠近宝顶处加厚近三倍，使屋顶在外观上形成盝顶样式。

(4) 木基层

由椽子、飞椽、连檐、瓦口、望板等组成，椽飞 110 毫米 ×110 毫米，望板厚 3 厘米。望板椽子室内部分均为红色油饰，室外部分为绿色。飞椽头为万字彩绘，椽子头为栀花彩绘，相邻椽头青绿相间。连檐瓦口均为红色油饰。

(5) 屋顶瓦面

屋面为四角攒尖盝顶式。屋面满铺黄色琉璃瓦，俗称"满堂黄"，象征着至高无上的皇权。戗脊浮雕卷草云纹样，戗兽为卷草云龙。宝顶顶珠为圆形，顶坐呈须弥座状。

(6) 木装修

四个方向墙间设置 2 米高红色栅栏门。亭内上置红色夔龙井口天花。

三、建筑残损状况基本勘察

勘察方法：现状勘察分为两大部分，即建筑实测与残损情况勘察。建筑实测以 3D 激光扫描仪、全站仪、测距仪、钢卷尺为主要测量工具，现状图以建筑正常形制为表现形式，在残破部位主要采用文字进行说明。

1. 文溯阁

残损主要表现在屋面瓦件破损碎裂、木架地仗油饰破损、地面砖松动破碎等。具体情况如下：

（1）台基、踏跺

现状勘察：南北台基及月台整体保存较好，没有严重歪闪和缺失，没有出现局部下沉的现象。台基及月台四周的阶条石局部有断裂、错位，表面酥碱、风化的现象。月台西南角角柱石歪闪严重。踏跺局部有断裂、风化。东侧垂带踏跺保持完好，仅有轻微移位。西侧南向垂带踏跺出现断裂，且石材构件的裂缝重新勾抹痕迹严重。

原因分析：①气候变化，雨雪冻融，排水不畅；②缺乏日常维护，年久失修；③大量游客参观，造成过度人为破坏。

（2）青砖地面

现状勘察：室外地面砖风化出现局部碎裂，残损约 50%。室内地面保持较好，但砖表面磨损、风化现象较为严重，且出现局部断裂，破损约 20%。

（3）墙体

下碱墙潮湿，有雨渍出现。青砖部分有风化、酥碱，受损约 30%；墙身部分雨渍斑斑，墙皮空鼓、脱皮受损约 50%。琉璃挑檐及券门门罩部分保持较为完好。博风砖部分断裂。

二层槛墙出现向外歪闪。一层西侧券门顶部券石有一块移位（周围墙体没有裂缝出现，基础部位没有下沉现象移位）。

原因分析：①常年雨雪水侵蚀，排水不畅；②缺乏日常维护，年久失修；③大量游客参观，造成过度人为破坏。

（4）大木构架

现状勘察：柱子地仗破损严重，成片龟裂、油饰褪色、剥落，除檐柱保持较好外，其余部分残损约80%。顶层柱子屋的内侧被裱糊上了壁纸。上部梁架油饰褪色脱落，地仗破损严重。梁檩交接部分朽损，雨迹斑斑，局部有霉变，残损约30%。苏式彩画受屋顶漏雨而残损，已经模糊不清。

（5）屋面木基层

现状勘察：望板雨渍斑斑，局部有糟朽。顶层望板破损65%，底层望板破损70%。连檐瓦口朽损严重、部分移位。上层椽子由于雨水浸泡，腐烂严重，破损达65%。飞椽基本全部破损。底层椽子糟朽达55%，飞椽破损严重。椽头、连檐、瓦口均有脱漆、褪色，飞椽头及椽头彩绘破损严重，基本已经无法辨识，大部分已经裸露出糟朽的基层。

（6）屋顶瓦面

现状勘察：瓦顶的夹垄灰脱落达50%，局部瓦件松动移位、脱釉、碎裂，瓦钉帽部分有缺失。瓦件残损约40%。苦背层多处开裂，造成屋面多处漏雨。屋面有植物滋生。

（7）木装修

现状勘察：槅扇门窗榫卯松脱现象普遍。部分门窗边抹劈裂，朽损。棂条局部残损、劈裂。门窗地仗破损，油饰脱落严重。三层落地罩歪闪移位，部分缺失。油饰褪色、脱落。落地罩之间现在安设了现代样式玻璃木门。暗层花格窗保存基本完好，部位歪闪缺失，褪色严重。顶层天花大部分脱落，整体下沉，内部木顶隔裸露，边框、抹头及棂子朽损严重。底层天花板有大的裂缝出现，抹灰脱落。

（8）其他

现状勘察：书架榫卯脱节的现象普遍。70%的书架移位歪闪，部分丧失承重能力。匾

额积灰严重，颜色脱落，榫卯松动。

2. 碑亭

残损主要表现在屋面瓦件破损碎裂、瓦脊断裂、木架地仗油饰破损等，具体情况如下：

（1）台基、踏跺

台基整体保存较好，没有严重歪闪。台基四周的阶条石局部有断裂、错位、表面酥碱、风化，西南角破损严重。各个侧面砖均有不同程度的破损，西侧最为严重，砖面风化破损，表面凸凹不平。踏跺移位断裂，垂带移位。

（2）地面、墙体

下碱墙潮湿发霉，墙身部分雨渍斑斑，墙皮空鼓、脱落，受损约50%。地面砖风化，局部碎裂，残损约40%。

（3）大木构架

柱子油饰褪色、剥落，残损约70%。上部梁架油饰褪色脱落，地仗破损严重。构架交接部分朽损，雨迹斑斑，局部有霉变，残损约30%。彩画受屋顶漏雨而残损，已经模糊不清。

（4）木基层

望板、椽子雨渍斑斑，局部有糟朽。连檐、瓦口均有脱漆、褪色，局部朽损、移位。飞椽头及椽头彩绘破损严重，大部分已经裸露出糟朽的基层。

（5）屋顶瓦面

瓦顶的夹垄灰脱落达55%，局部瓦件松动移位、碎裂。瓦钉帽部分有缺失。勾头滴水规格不一致，瓦件大面积脱釉。苦背层多处开裂，造成屋面多处漏雨。屋面有植物滋生。宝顶琉璃构件脱釉严重。脊构件有断裂现象。

（6）木装修

天花移位现象普遍。天花木骨架局部腐烂，走闪现象普遍。彩绘褪色、脱落，模糊不清。残损约60%。木门油饰完好，部分榫卯松动。

3. 文溯阁建筑结构形变勘察

（1）调查评估对象

文溯阁的基础、结构、山墙、屋面等部位。

（2）调查评估方法

基于三维激光扫描成果，点云上直接各部位几何特征，对比分析后对建筑各部位进行安全性评估。

（3）评估内容

①基础沉降；②山墙倾斜、开裂；③主要承重柱倾斜。

4. 扫描评估过程

（1）基础沉降

在扫描点云上量取首层柱底高程，量取位置统一为柱础上皮，量取了首层共计 32 根柱子。

其中最大值 5.412598 米，最小值 5.281403 米，标高差值约 0.130 米。数据及点见附录。

（2）山墙倾斜、开裂

在东西上墙的南侧、中部及北侧分别做点云切片，切片厚度约为 50 毫米，在切片上以墙下碱为零点，按照高度方向 1 米的间隔，量取墙体不同高度处的倾斜值。从数据及图表可以看出，东侧山墙西倾，西侧山墙东倾。

（3）主要承重柱倾斜

分别沿地面及柱上部（靠近梁枋部位）做水平切片（切片厚度约为 20 毫米），根据切片点云拟合各柱截面，量取柱中心坐标，通过比较柱底部及上部坐标值差异，依此评价柱子倾斜情况。一层共选取 10 根柱子，二层共选取 6 根柱子。

四、勘察结论

1. 原因分析

（1）古建筑因年久失修而产生的病害问题比较普遍。特别东北气候四季变化，雨雪冻融。雨雪水的侵蚀和排水不畅造成局部变形、移位。

（2）大量游客参观，造成过度人为破坏。

（3）屋顶植物滋生，根系破坏了屋面；屋顶漏雨，致使墙体常年受雨雪水侵蚀。

（4）使用不当，例如人为安设玻璃木门等。

根据文溯阁及碑亭实际勘察情况，屋面漏雨是建筑破损的主要原因。

2. 勘查结论

结构稳定：考虑到测量误差及文溯阁营建施工误差影响，根据上述数据及图表成果可见沈阳故宫文溯阁古建筑整体结构良好，趋于稳定，未见安全隐患。

（1）根据沈阳故宫文溯阁监测数据进行分析，沈阳故宫文溯阁结构属于稳定安全状态。

根据批复的意见，严格控制工程范围和程度。本次修缮主要解决屋面漏雨严重的问题，防止由于漏雨产生的建筑进一步破坏。经过进一步详细勘察，明确望板、椽子等部位的残损量，进一步明确了工程量，并在图纸中已经标注。

（2）文溯阁为清式标准的木构承重体系，由梁柱来传递垂直荷载和抵抗水平荷载。木构属于柔性体系，具有一定的弹性变形能力，整个木构体系在抵抗荷载时成为一个有机的可以微变形的整体。砖属于刚性材料，在整个柔性体系中，各种性能不能与木构一致。一层槛墙由于接近柱根，并且下面设置基础，所以相对比较稳定。二层槛墙直接砌筑在木楼板上，没有任何其他连接措施。槛墙砌筑在柱间，也没有特殊连接措施。所以，在整个结构体系承受荷载产生形变时，槛墙相对独立。这样长期反复作用，槛墙与木结构体系连接更加松散，形成了歪闪现象。经过进一步的勘察和对监测数据分析，这种歪闪属于该建筑本身设计必须出现的问题，是无法避免的，但是属于安全范围内。并且这种歪闪近几年来也没有大的变化，比较稳定。所以，本次维修不进行干预，保持现状。

（3）经进一步勘察，文溯阁墙面为砂子底灰麻刀灰罩面。屋面苫背做法待施工进行中核实完善。室内天花格栅刷胶时一次不应过大面积，其刷胶宽度应与天花纸的幅宽相吻合。粘贴时应从预定的梁边开始铺贴第一幅，将上边与收口线对齐，侧边与格栅中线对正。从一侧向另一侧用手铺平，用刮板沿格栅刮实，并用小棍将与梁连接处压实。粘贴第二幅与第一幅搭接10～20毫米并自一侧向另一侧进行对缝、拼花，用刮板刮平再用钢直尺将第一、第二幅

搭接缝比直切齐，撕去窄边条补刷胶并压实，最后将挤出的胶液用湿毛巾及时擦净。

具体要求：天花纸的拼接缝处花形应对齐。在下料时要将第一副与第二副反复对比，并适当加大上、下边的预留量，以防对花时造成亏料。天花纸粘贴完成后，检查是否有起泡、粘贴不实、皱褶、接槎不平顺、翘边等现象，若存在应及时进行修整处理，将纸表面的胶痕擦净。

（4）根据批复意见，油饰彩画部分本方案不再考虑。另行编制方案上报。

（5）已根据《古建筑保养维护操作规程》制定了详细的沈阳故宫古建筑保养维护工作计划。计划中已经明确保养工作的实施、监督检查机构。

第七章 修缮工程设计方案

一、修缮设计依据

1.《中华人民共和国文物保护法》

2.《中国文物古迹保护准则》

3.《文物保护工程管理办法》

4.《木结构遗产保护准则》

5. 古建筑施工有关规范及验收标准

6. 文溯阁及碑亭现状勘察

二、修缮设计原则及目的

1. 修缮原则

进一步贯彻落实"保护为主，抢救第一，合理利用，加强管理"的文物工作方针，本着保护文物完整性、真实性、延续性的修缮原则，尽可能多地保存大量真实历史信息，最低限度干预文物建筑，避免维修过程中的修缮性破坏，为后人保护、研究文物建筑提供可能与方便。

（1）不改变文物原状的原则

遵照《中华人民共和国文物保护法》规定："对不可移动文物进行修缮、保养、迁移，必须遵守不改变文物原状的原则"，在修缮时遵循"整旧如旧"的理念，尽最大可能利用原有材料，保存原有构件，使用原有工艺，将有害于古建筑历史风貌的构筑物等予以必要的搬迁，使文物建筑的历史原状得以最大限度地恢复。

（2）安全为主的原则

文物的生命与人的生命都是不可再生的，在整个修缮工程中要始终坚持确保文物与施工人员二者生命安全的原则，制定行之有效的规章制度，杜绝安全事故发生。安全为主的原则，是文物修缮过程中的最低要求。

（3）质量第一的原则

文物修缮，质量第一。在修缮过程中要强化质量意识，从工程材料、工艺做法、施工程序等方面加强管理，确保工程质量符合国家相关法规标准。

（4）修缮过程的可逆性、可再处理性原则

在修缮过程中，坚持修缮过程的可逆性，保证修善后的可再处理性，尽可能选择和使用与原构件材料相同、相近或兼容的材料，最大限度使用传统工艺技法，为后人研究、处理、修缮提供更多更准确的历史信息。

（5）尊重传统，保持地方风格的原则

不同地区有不同的建筑风格与传统技法，在修缮过程中要审慎甄别，承认建筑风格的多样性，尊重传统工艺的地域性和营造手法的独特性，注重与之的保留与传承。

2. 修缮目的

以科学的工作态度对文物建筑进行保护修缮，解决建筑本体屋面漏雨问题，消除其内在隐患，使现存的遗产益寿延年；忠实地保存稀有的建筑特点，传递古建筑信息的连续性。为以后研究历史文化、建筑结构提供真实的实体资料，为文物的保护、开发、利用创造条件，为我国新时期社会主义精神文明建设服务。

三、修缮工程技术思路

依据国家文物局批复意见，本次工程性质为修缮工程。结合《中国文物古迹保护准则》，此次维修原则为"现状修整"，即保证原建筑形制、结构、材料及工艺技术。旨在排除建筑隐患，恢复文物本体健康状态。

（1）根据文溯阁屋面实际勘察情况，屋面漏雨是建筑破损的主要原因。故此次维修工程，揭挑屋面至望板，修补糟朽的飞椽、方椽、连檐、瓦口板、望板，朽损严重不能再继续使用的，要采取谨慎的态度予以更新。然后重做苫背、宽瓦。门、窗重新检修、加固。重新油饰外檐、下架大木和门窗，归安台明、台阶条石。室内装修：检修内装修的槅扇，添补缺损的枝条，重新打蜡；修复室内悬挂的匾、联；检修加固书架。

（2）根据碑亭屋面实际勘察情况，此次维修工程，揭挑屋面至望板，修补糟朽的飞椽、方椽、连檐、瓦口板、望板，朽损严重不能再继续使用的，要采取谨慎的态度予以更新。调整大木构架。然后重做苫背、宽瓦。重新油饰外檐、下架大木栅栏门，归安台明、台阶条石。

四、主要建筑修缮项目与范围

1. 文溯阁

（1）台基、踏跺：清理台基阶条石、踏跺等石构断裂处，以环氧树脂粘接，统一勾抹石缝。松动、移位阶条石按原制归安；严重风化残损达 70% 以上的条石可按原形制补配。归安铺砌垂带。

（2）地面：室内地面采取局部剔补的方式进行维修。按原形制补配缺失、残破地面砖，补配的面砖在隐蔽处做好年代标识。室外部分由于破损严重，采用整体揭墁的方式进行维修。砖地面拆揭之前要先按砖趟编号。破损严重不能继续使用的地面砖，应按原制重新砍磨补配。

（3）墙体：用同规格青砖对墙体风化、酥碱部位进行剔补，统一打点后重新勾缝。铲除墙身残损灰皮，按原制抹砂子底灰麻刀灰罩面。对于上层向外倾斜的槛墙编号拆除，重新砌筑。一层西侧券门待屋面挑揭后局部拆砌，拆砌范围控制在前廊范围。

注：拆除到位后要对砖进行清理、分类，砌筑时尽量使用原始砖。对于断裂、粉碎，确实不能继续使用的青砖，按原规格、质地补配并在隐蔽处做好年代标识。

（4）大木构架：屋面揭顶后，检修大木构件榫卯接头部位，对糟朽的部位进行补配，对开裂部位用干燥木条粘牢补严。屋面挑修时，对拔榫木构件按原制归安。清除柱子原有油饰、地仗，重做一麻五灰地仗、油饰。

（5）木基层：屋面揭顶后，望板腐烂处拆除望板，检查椽飞及连檐瓦口腐烂情况，残损部位按原制修补，对糟朽严重不能继续使用的椽飞、连檐、瓦口、望板等木构件，要酌情按原制进行补配。糟朽深度或长度小于 2 厘米的方椽、飞椽要经砍挠净糟朽部分并进行防腐处理后进行修补使用。修补的木料需用干燥的原材质木料，用结构胶粘牢固，用竹钉贯固。

（6）屋顶瓦面：对屋面进行清理，清除杂草、积土。揭挑屋面至望板，在拆卸前和拆卸中要做好文字、照片、图纸记录。瓦件要分垄拆分垄存放，不得混淆。编号拆除瓦顶、苫背。对望板修补防腐后，抹护板灰一层，厚 2 厘米，护板灰配比为白灰：青灰：麻刀 =100：8：3。再抹灰泥背，平均厚度 6 厘米，分两层抹压，拍扎坚实，灰泥配比为白灰：黄土 =4：6。待七八成干后抹青灰背，厚 5 厘米，分两层赶压、抹实，青灰背配比为白灰：青灰：麻刀 =100：10：5。用 5：5 的掺灰泥宛瓦，厚度 4～5 厘米，筒瓦下要灰泥装满，宛瓦时，檐头滴水出大连檐 3 厘米，以防止尿檐。檐头瓦用青麻刀灰瓦合、垫底；麻刀灰掺绿、黑色料夹垄。按原制补配缺失瓦件，然后重新宛瓦。

注：拆除到位后要对构件进行清理、分类，对局部断裂的琉璃构件进行粘补，脱釉的重新抹釉烧制后再用，尽量使用原始构件。缺失的按原规格、质地、样式补配并在隐蔽处做好年代标识。

（7）木装修：槅扇榫卯松脱，修理时应整扇拆落，归安方正，接缝加楔重新灌胶粘牢。边梃和抹头局部劈裂糟朽部位，钉补牢固。破损严重的不能继续使用的予以更换。补配缺失、破损严重的榥条。新旧榥条搭接部位接口做抹斜处理。处理好槅扇木基层后，进行砍净挠白，清理干净，再按原制重做地仗油饰。

按原制补配缺失的落地罩榥条，注意新旧搭接。进行脱漆处理后，重新油饰。归安歪闪、榫卯松脱的暗层花格窗。进行脱漆处理后，重新油饰。

顶层天花整体拆卸，枝条松散榫卯移位的，整修后重新归安。对于缺失的枝条进行补配，再装回原位。底层天花由于没有太明显的破损仅有裂缝出现，进行局部重新勾抹白灰即可。

（8）其他：检修加固书架。书架拆安拨正。对松动部位进行嵌补粘接严实。缺失的部位进行补配。进行脱漆处理后，重新油饰。

匾额进行除尘处理后，榫卯松动部位，拨

正归位。修复室内悬挂的匾、联。

2. 碑亭

（1）台基、踏跺：清理台基阶条石、踏跺等石构断裂处，以环氧树脂粘接，统一勾抹石缝，松动、移位条石按原制归安；严重风化残损达 70% 以上的条石可按原形制补配。归安铺砌台基条石时对院内侧做 2% 散水。

（2）地面：按原形制补配缺失、残破地面砖，补配的面砖在隐蔽处做好年代标识。

（3）墙体：用同规格青砖对墙体风化、酥碱部位进行剔补，统一打点后重新勾缝。铲除墙身残损灰皮，按原制抹砂子底灰麻刀灰罩面，刷红色涂料。

（4）大木构架：屋面揭顶后，检修大木构件榫卯接头部位，对糟朽的部位进行补配，对开裂部位用干燥木条粘牢补严。对拔榫的木构件待屋面整修时，按原制归安。清除柱子原有油饰、地仗，重做地仗油饰。

（5）木基层：屋面揭顶后，拆除腐烂望板，检查椽飞及连檐瓦口糟朽情况，残损部位按原制修补，对糟朽严重不能继续使用的椽飞、连檐、瓦口、望板等木构件，要酌情按原制进行补配。糟朽深度长度小于 2 厘米的方椽、飞椽，要砍挠净糟朽部分，并进行防腐处理后再行修补使用。修补的木料需用干燥的原材质木料，用结构胶粘牢固，用竹钉贯固。

（6）屋顶瓦面：对屋面进行清理，清除杂草、积土。揭挑屋面至望板，在拆卸前和拆卸中要做好文字、照片、图纸记录。瓦件要分垄拆分垄存放，不得混淆。编号拆除瓦顶、苫背。在望板进行修补防腐后，抹护板灰一层，厚 2 厘米，护板灰配比为白灰：青灰：麻刀 =100：8：3。再抹灰泥背，平均厚度 6 厘米，分两层抹压，拍扎坚实，灰泥配比为白灰：黄土 =4 ： 6。待七八成干后抹青灰背，厚 5 厘米，分两层赶压、抹实，青灰背配比为白灰：青灰：麻刀 =100 ： 10 ： 5。掺灰泥宛瓦，厚度为 4 ～ 5 厘米，配比为 5 ： 5，筒瓦下要灰泥装满，宛瓦时，檐头滴水出大连檐 3 厘米，以防止尿檐。檐头瓦用青麻刀灰瓦合、垫底；麻刀灰掺氧化铁红夹垄。按原制补配缺失瓦件，然后重新宛瓦。

注：拆除到位后要对构件进行清理、分类，对局部断裂的琉璃构件要进行粘补，脱釉的重新抹釉烧制后再用，尽量使用原始构件。缺失的按原规格、质地、样式补配并在隐蔽处做好年代标识。

（7）木装修：拆除天花部分。局部腐烂的木骨架进行补配，拨正走闪的木骨架。待处理好木骨架后，将天花归位。对栅栏门松动部位进行拆安归位，粘接严实后进行脱漆处理，清理干净，再按原制重新油饰。

五、各类病害的针对性处理措施

1. 文溯阁

病害分析及保护维修措施

病害： 条石局部有断裂、错位，表面酥碱、风化。	
成因分析： ①气候变化，雨雪冻融，排水不畅； ②缺乏日常维护，年久失修； ③大量游客参观，造成过度人为破坏。	
保护维修措施： 清理台基阶条石、踏跺等石构断裂处，用环氧树脂粘接，统一勾抹石缝。松动、移位阶条石按原制归安；严重风化残损达 70% 以上的条石可按原形制补配。归安铺砌垂带。	

病害分析及保护维修措施

病害： 地砖局部碎裂，表面残损风化严重。	
成因分析： ①常年雨雪水侵蚀，排水不畅； ②缺乏日常维护，年久失修； ③大量游客参观，造成过度人为破坏。	
保护维修措施： 室内地面采取局部替补的方式进行维修。按原形制补配缺失、残破地面砖，补配的面砖在隐蔽处做好年代标识。室外部分由于破损严重，采用整体揭墁的方式进行维修。	

病害分析及保护维修措施

| **病害:** |
| 墙体有雨渍，青砖部分风化酥碱，墙皮空鼓、脱皮严重。 |
| **成因分析:** |
| ①屋面漏雨，致使山墙墙体常年受雨雪水侵蚀; |
| ②缺乏日常维护，年久失修; |
| ③大量游客参观，造成过度人为破坏; |
| ④自然环境影响，常年受雨雪冻融影响。 |
| **保护维修措施:** |
| 同规格青砖对墙体风化、酥碱部位进行剔补，统一打点后重新勾缝。铲除墙身残损的灰皮，按原制抹砂子底灰麻刀灰罩面。对于上层向外倾斜的檻墙编号拆除，重新砌筑。 |

病害分析及保护维修措施

| **病害:** |
| 柱子屋内侧被贴上壁纸。梁檩交接部分朽损，雨迹斑斑，局部霉变。 |
| **成因分析:** |
| ①屋顶雨雪渗漏，常年侵蚀木构; |
| ②年久失修; |
| ③自然环境影响，常年雨雪冻融影响; |
| ④使用不当。 |
| **保护维修措施:** |
| 屋面揭顶后，检修大木构件榫卯接头部位，对糟朽的部位进行补配，对开裂部位用干燥木条粘牢补严。对拔榫的木构件待屋面挑修时，按原制归安。清除柱子原有油饰、地仗，重新做一麻五灰地仗、油饰。 |

病害分析及保护维修措施

| **病害:** |
| 望板、椽子局部有糟朽，檐部椽头、连檐、瓦口均有脱漆、褪色，局部朽损、移位。部分木构件朽损。 |
| **成因分析:** |
| ①屋顶雨雪渗漏，常年侵蚀木构; |
| ②缺乏日常维护，年久失修。 |
| **保护维修措施:** |
| 屋面揭顶后，拆除糟朽望板，检查椽飞及连檐瓦口糟朽情况，残损部位按原制修补，对糟朽严重不能继续使用的木构件酌情按原制进行补配。糟朽深度或长度小于2厘米的构件，砍挠净糟朽部分并进行防腐处理后进行修补。 |

病害分析及保护维修措施

| **病害:** |
| 夹垄灰脱落，局部瓦件松动移位、脱釉、碎裂，瓦钉帽部分有缺失;屋面杂草丛生。 |
| **成因分析:** |
| ①常年冬雪冻融; |
| ②植物滋生，根系破坏屋面; |
| ③缺乏日常维护，年久失修。 |
| **保护维修措施:** |
| 清除杂草、积土。揭挑屋面至望板，进行防腐处理后做护板灰、灰泥背、青灰背，分层掸压抹实。按原形制补配缺失构件后重新宽瓦。麻刀灰掺黑、绿色料夹垄。 |

病害分析及保护维修措施

病害： 槅扇门窗榫卯松脱现象普遍。部分门窗边抹劈裂、朽损。棂条局部残损、劈裂。门窗地仗破损，油饰脱落严重。
成因分析： ①缺乏日常维护，年久失修； ②大量游客参观，造成过度人为破坏； ③由于使用不当，人为安设玻璃木等。
保护维修措施： 门窗整扇拆落，归安方正，接缝加楔重新灌胶粘牢。边框和抹头局部劈裂糟朽部位，钉补牢固。补配缺失、破损糟朽的棂条。处理好槅扇木基层后，进行砍净挠白，清理干净，再按原制重做地仗、油饰。

病害分析及保护维修措施

病害： 顶层天花大部分脱落，整体下沉，内部木顶隔裸露，边框、抹头及棂子朽损严重。底层天花板有大的裂缝出现，抹灰脱落。
成因分析： ①屋面漏雨，常年雨雪水侵蚀； ②缺乏日常维护，年久失修。
保护维修措施： 顶层天花整体拆卸，枝条松散榫卯移位的，整修后重新归安。对缺失枝条进行补配，再装回原位。一层天花进行局部重新勾抹白灰。

病害分析及保护维修措施

病害： 架榫卯脱节的现象普遍。移位歪闪，部分丧失承重能力。
成因分析： 缺乏日常维护，年久失修。
保护维修措施： 书架拆安拨正。对松动部位进行嵌补粘接严实。缺失的部位进行补配。进行脱漆处理后，重新油饰。

2. 碑亭

病害分析及保护维修措施

病害： 条石局部有断裂、错位，表面酥碱、风化，西南角破损严重。各个侧面砖均有不同程度的破损。
成因分析： ①气候变化，雨雪冻融，排水不畅； ②缺乏日常维护，年久失修； ③大量游客参观，造成过度人为破坏。
保护维修措施： 清理台基阶条石、踏跺等石构件断裂处，以环氧树脂粘接，统一勾抹石缝，松动、移位条石按原制归安；严重风化残损达70%以上的条石可按原形制补配。归安铺砌台基条石时对院内侧做2%散水。

病害分析及保护维修措施

病害：
地面砖风化，局部碎裂。
成因分析： ①常年雨雪水侵蚀，排水不畅； ②缺乏日常维护，年久失修； ③大量游客参观，造成过度人为破坏。
保护维修措施： 按原形制补配缺失、残破地面砖，补配的面砖在隐蔽处做好年代标识。

病害分析及保护维修措施

病害：
柱子油饰褪色、剥落。上部梁架油饰褪色脱落，地仗破损严重。构架交接部分朽损，雨迹斑斑，局部霉变。
成因分析： ①屋顶雨雪渗漏，常年侵蚀木构； ②缺乏日常维护，年久失修。
保护维修措施： 屋面揭顶后，检修大木构件榫卯接头部位，对糟朽的部位进行补配，对开裂部位用干燥木条粘牢补严。待屋面整修时，对拔榫木构件按原制归安。清除柱子原有油饰、地仗，重做地仗、油饰。

病害分析及保护维修措施

病害：
望板、椽子雨渍斑斑，局部有糟朽。连檐、瓦口均有脱漆、褪色，局部朽损、移位。飞椽头及椽头彩绘破损严重，大部分木基层已经裸露，并出现糟朽。
成因分析： ①屋顶雨雪渗漏，常年侵蚀木构； ②缺乏日常维护，年久失修。
保护维修措施： 屋面揭顶后，拆除腐烂望板，检查椽飞及连檐瓦口腐烂情况，残损部位按原制修补，对糟朽严重不能继续使用的木构件酌情按原制进行补配。糟朽深度或长度小于2厘米的构件，砍挠净糟朽部分并进行防腐处理后进行修补。

病害分析及保护维修措施

病害：
瓦顶夹垄灰脱落，局部瓦件松动移位、碎裂。瓦钉帽部分有缺失。勾头滴水规格不一致。瓦件大面积脱釉。苫背层多处开裂，杂草丛生。宝顶琉璃构件脱釉严重。脊构件有断裂现象。
成因分析： ①常年冬雪冻融； ②植物滋生，根系破坏屋面； ③缺乏日常维护，年久失修。
保护维修措施： 清除杂草、积土。揭挑屋面至望板，进行防腐处理后做护板灰、灰泥背、青灰背，分层擀压抹实。檐头瓦用青麻刀灰混合、垫底；麻刀灰掺氧化铁红夹垄。按原制补配缺失瓦件，重新宣瓦。

病害分析及保护维修措施

病害： 天花移位现象普遍。天花木骨架局部腐烂糟朽，走闪现象普遍。	
成因分析： ①常年雨雪水侵蚀； ②缺乏日常维护，年久失修。	
保护维修措施： 拆除天花部分。局部补配腐烂的木骨架，拨正走闪木骨架。待处理好骨架后，将天花归位。	

病害分析及保护维修措施

病害： 木门油饰完好，部分榫卯松动。	
成因分析： ①常年雨雪水侵蚀； ②缺乏日常维护，年久失修； ③大量游客参观，造成过度人为破坏。	
保护维修措施： 对栅栏门松动部位进行拆安归位，粘接严实后进行脱漆处理，清理干净，再按原制重新油饰。	

六、工程做法要求与注意事项

（一）作法要求

1. 地面工程

（1）基层必须坚实，面层和基层必须结合牢固，砖块不得松动。

（2）地面颜色均匀，棱角完整，表面无灰浆。接缝均匀，宽度一致，油灰饱满严实。

（3）地面铺装完成后，应临时封闭，禁止上人或存放物品。

（4）施工时应考虑进入冬季前地面必须干透。

（5）地面青砖质量要求：外观要求表面均匀，颜色一致，无裂纹。长宽尺寸允许偏差±1.5毫米。厚度允许偏差±1毫米；满足冻融要求，防止出现裂纹、分层、掉皮、缺棱掉角等冻坏现象。

2. 屋面工程

（1）清理瓦件：清除瓦件上灰迹并对瓦件

颜色进行比对、分类，颜色相近的放在一起；重新安放瓦件时应按瓦件颜色分坡使用。破损程度较轻，不影响使用功能的瓦件要尽量保留。

（2）筒瓦：四角完整或残缺部分在1/3以下的视为可用瓦件，折成二段且槎口对齐的为可修瓦件。

（3）板瓦：缺角不超过1/6的（注：以宽瓦后不露缺角以准），后尾残长在瓦长2/3以上的为可用瓦件，折成二段槎口能对齐的为可修构件。

（4）勾头滴水：检验方法与筒板瓦一致，但要注意瓦件的雕饰，花纹残破但轮廓完整为可用瓦件。

（5）屋面瓦质量要求：外观要求长边高度差不大于1.5毫米。表面均匀，颜色一致，无裂纹。外观尺寸允许偏差±2毫米。冻融要求：不允许出现裂纹、分层、掉皮、缺棱掉角等冻坏现象。

3. 其他

维修所用木材必须为已经干燥的木材，材质必须与所要维修构件相同，联结加固的铁件必须经过防锈处理。

（二）注意事项

在文溯阁修缮工程具体实施过程中，在工程技术方面要注意以下几点事项：

（1）严格按照国家文物局的批复及方案组织施工，如实际情况不在设计依据之内，应及时与设计方联系，重新修改和补充完善设计。

（2）施工中要特别注意文物建筑的形制和构造特点，注意保留原工艺和材料选配。

（3）所用材料均需提供质量报告单。施工中，严格按照传统工艺进行操作。每道工序操作前，均应进行文字记录、拍照摄影，然后进行施工。每一道工序完成后，均应进行检验，合格后方能进入下一道工序。对每一种做法，施工员、领工员均应在施工前掌握，按图纸及原样、原工艺施工，对每一个构件均应像修理器物一样对待，禁止野蛮施工。

（4）施工中，严格按照文物建筑施工要求进行操作，尽可能地使用原有构件，对每一个构件均应爱护，禁止野蛮施工，在维修一部位时要对下部进行棚护，对揭顶后的彩画、大木构架要严格保护，做到万无一失。

（5）施工中要精心组织，保证质量，注意安全，要建立完整的文物保护维修技术档案资料，施工中发现问题要及时报告。

第八章 项目实施纪实

一、资金评审及招标

1. 资金评审

《沈阳故宫文溯阁修缮工程方案》及补充方案审核后，按照审核要求编制工程概算。2016年3月，我院将修缮方案及概算、勘察设计图纸等资料，提交至国家文物保护资金管理系统开展资金评审（项目编号：3-02-16-2100-003）。送审金额为方案概算6013004.95元。

(1) 评审过程

按照《国家重点文物保护专项补助资金管理办法》(2013)，文物保护项目先行由国家文物局委托文研院开展首轮方案评审，随后由第三方审计事务所开展评审。2016年3月18日，由辽宁省文物局及辽宁省财政厅完成项目初审；4月26日，由国家文物局送审；5月11日，由中国文化遗产研究院开展首轮评审；5月13日，由中和惠源审算完成终审定案（中和惠源审报字(2016)第BJQ2001D298号），定案金额2356022.92元，为项目概算控制数。6月22日，沈阳故宫文溯阁修缮工程项目列入国家文物局资金备选库。

首轮评审中，对方案中未给出的"屋面卷材防水冷粘法双层"做法予以核减，核减金额4.7万元，初审金额5966004.95元。

终审评审过程中，造价咨询公司采取对比分析法对本概算开展评审，评审通过对比①工程项目建设规模与批复的工程方案；②工程量与图纸；③各项取费与规定取费标准；④人工、材料、设备价格与市场信息；⑤技术经济指标与同类工程等方法，进行预（概）算评审。

评审意见认为，工程项目预（概）算内容与国家文物局批准的项目实施方案内容基本相符，申请专项资金的使用范围及支出内容基本符合专项资金管理办法的规定。

(2) 评审依据

①《中华人民共和国文物保护法》(2007年修订版)及《中华人民共和国文物保护法实施条例》(2003年)；

②财政部、国家文物局《国家重点文物保

护专项补助资金管理办法》（财教〔2013〕116号）、《国家重点文物保护专项补助资金项目预（概）算编制规范》；

③文化部《文物保护工程管理办法》（文化部令第 26 号）；

④国家文物局《文物保护工程审批管理暂行规定》（文物保发〔2008〕19 号）；

⑤国家文物局《关于沈阳故宫文溯阁修缮工程立项的批复》（文物保函〔2015〕1880 号）；

⑥辽宁省沈阳故宫博物院编制的《沈阳故宫文溯阁修缮工程设计方案》；

⑦辽宁省房屋修缮工程计价定额（2010）；辽宁省装饰装修工程消耗量定额（2008），辽宁省园林绿化工程消耗量定额（2008）；辽宁省建筑工程消耗量定额（2008）；《全国统一房屋修缮工程预算定额》（1995）；

⑧辽宁省建设工程计价依据《建设工程费用标准》（辽建发〔2007〕87 号），《关于调整建设工程税金计取标准的通知》（沈建发〔2011〕77 号），辽宁省沈阳市 2016 年第一季度市场价格信息；

⑨《关于降低部分建设项目收费标准规范行为等有关问题的通知》（发改价格〔2011〕534 号）、《招标代理业务收费管理暂行办法》（计价格〔2002〕1980 号）、《建设工程监理与相关服务收费管理规定》（发改价格〔2007〕670 号）；

（3）评审结论

本项目（预）概算送审金额为 6013004.95 元，初审金额 5966004.95 元；建议调整为 2356022.92 元，核减金额为 3609982.03 元，对该工程项目预（概）算调整的主要原因如下：

①依据《关于沈阳故宫文溯阁修缮工程方案的批复》（文物保函〔2015〕2839 号）修改建议第四条，"油饰彩画拟定专项方案，按程序

另行报批"因此油饰彩画预算予以核减。

②预（概）算书中人工单价偏高。依据辽宁建设工程造价管理总站发布《关于建设工程人工费实行动态管理的通知》（辽住建〔2011〕380 号）予以调整。

③预（概）算书中个别项目工程量偏高。如：送审方直椽刨光顺接铺钉工程量为 1500.00 延长米，依据辽宁省文物保护中心设计的《沈阳故宫文溯阁修缮工程方案》，调整为 1275.50 延长米。

④预（概）算书中危险作业意外伤害保险计取不合理。如送审单位工程取费表中计取了危险作业意外伤害保险费，依据《建筑安装工程费用项目组成》建标〔2013〕44 号划分内容，取消了危险作业意外伤害保险费，因此予以核减。

⑤未计取勘测费、设计费、监理费、招投标代理费、审计费、建设单位管理费、预备费。依据《工程勘察设计收费标准》（计价格〔2002〕10 号）、《建设工程监理与相关服务收费管理规定》（发改价格〔2007〕670 号）、《招标代理服务费暂行管理办法》（计价格〔2002〕1980 号）、《基本建设财务管理规定》的通知（财建〔2002〕394 号）、《建设项目全过程造价咨询规程》（CECA/CG4-2009）参考标准予以补充。

本轮资金评审，核减油饰修缮，最终形成概算控制数为 235 万元，其中工程部分 2018731.25 元，其他费用合计 225100 元。

2. 工程招标

按照当时管理要求，资金到达沈阳市财政后，由沈阳市基本建设中心对工程造价进行评审，本次评审自 2017 年 4 月开始，7 月结束，评审结果为 221 万余元，我院依据该金额作为招标控制价，开展工程招标。依据《中华人民

共和国文物保护法》及《文物保护工程管理办法》等法规，将"文物保护工程施工一级"资质作为我院施工招标需求条件之一。

经过挂网公示，工程于 2017 年 10 月 12 日开标。经公开评分比选，沈阳故宫文溯阁修缮工程于由沈阳故宫古建筑有限公司中标，中标金额为 2187271.52 元。随后，双方于 2017 年 11 月订立施工合同。

二、项目准备

根据方案批复意见，本次工程性质为修缮工程。文物保护修缮工程[1]是指"为保护文物本体所必需的结构加固处理和维修，包括结合结构加固而进行的局部复原工程。"即，本次文溯阁保护修缮工程，应遵循"最少干预""不改变文物原状"等文物保护修缮原则，围绕国家文物局批复的方案及补充方案、图纸等技术文件以及工程采购清单等工程经济文件，认真解读工程总体任务，制定目标。

1. 现场条件分析及实施对象复核

（1）气候条件

沈阳位于中国东北地区南部，属于温带半湿润大陆性气候，全年气温变化范围在 -29 ℃～ 34 ℃之间，年平均气温 6.7 ℃～ 8.4 ℃，极端气温最高 34.6 ℃，最低 -30.6 ℃。全年降水量 600-800 毫米，全年无霜期 150 ～ 170 天。受季风影响，降水集中，温差较大，四季分明。冬寒时间较长，少雪；夏季时间较短，多雨，春秋两季气温变化迅速，春季多风，秋季晴朗。施工时间时值沈阳市春初至夏末，气温适宜，为施工提供了必要条件。

（2）项目场地条件

沈阳故宫位于沈阳市沈河区，沈阳清代老城，即"方城"中心，是沈阳城市中心区域，周围地貌平坦，附近 1 千米内无天然地表水。方城内居住人口密集，商业活动频繁。

项目对象文溯阁及碑亭位于沈阳故宫西路中部，周围建筑密集：北侧 10 米处为仰熙斋，西侧 5 米处为文溯阁值房，南侧 8 米处为文溯阁宫门，碑亭东侧 2 米处为西路东院墙。绿化植被丰富；绿化范围外为青砖铺设，供游客步行游览的地面。

（3）交通运输条件

现场内运输：沈阳故宫整体作为一级博物馆，是重点安全防范的重点单位。东、北、西

1.《文物保护工程管理办法》（文化部令第 26 号）

院墙围合较为封闭，日常以游客人行从大清门、轿马场斯文门通道为主。东大门为 20 世纪 80 年代在东路南端开辟的消防通道，可供车辆通行。日常使用，车辆场外运输，通过此门运卸物料。

现场外运输：由于施工区域位于市内繁华区域内，白天禁止货运车辆进入，且沈阳路以步行街路为主。

（4）现场复核

现场复核为在开工前，施工单位对照设计文件对原形制、原结构、原材料、原工艺进行现场复核，以保证维修后实现"不改变原状"的文物保护修缮目标。主要复核内容为：①文物建筑的形制、时代、地域、结构、工艺、材料、装饰等特征；②文物建筑历代维修信息和有价值的工艺技术做法；③影响工程质量、安全和工期的关键环节、隐蔽工程。针对以上复核要求，开展现场复核，结果如下：

①文溯阁

a. 现状屋面含避雷装置。该装置为沈阳故宫防雷保护工程，为"三防"专项工程。

b. 经进一步勘察，文溯阁屋面为五样黑琉璃瓦绿剪边瓦面。每垄筒瓦 25 节，底瓦平均约 85 块。共 103 垄。勾头有滴子形勾头，即勾头圆脸下做成如意滴水形。

c. 现一层室内陈设为沈阳故宫作为博物馆原状陈列复原展览，有详细的文物清单。部分陈设文物如书架、石屏风等，较为沉重，且无法另寻房间保管。一层室内地面为青色石板地面，方案未明确提及材质及有关做法。二层不在本次修缮范围内；三层室内有图书馆时期增设的木拉门，每间南北各一对，5 间共计 10 对。

d. 南北台明阶条石，一间为完整矩形条石，最长为明间 5 米余，材料硕大，具有清中期皇家建筑用料靡费及奢华特征。

其余部位与方案现状勘察所描述进行对比，与方案相符；其风化、残破程度，因立项至实施周期较长，程度渐甚，但对本次工程深度影响可控。

②碑亭

a. 现状屋面含避雷装置。该装置为沈阳故宫防雷保护工程。方案中未体现防雷装置保护性拆安工作内容。

b. 垂脊脊筒共 14 节，垂脊四条共 56 节。每节形状各不相同。部分风化严重，作为方案现状勘察补充。

c. 碑亭"盝顶"实际构造做法不明，待施工过程中揭除灰背后再行勘察。

d. 碑亭内有石碑不可移动。天花为平棊天花，不在本次维修范围内，可摘取保管。

e. 台基阶条石共 4 根，即四边各边为一根完整条石；两条石相交处做 45°抹角处理，故条石平面呈梯形，长边 7 米余，材料硕大，具有清中期皇家建筑用料靡费及奢华特征。

其余部位与方案现状勘察所描述进行对比，与方案相符；其风化、残破程度，因立项至实施周期较长，程度渐甚，但对本次工程深度影响可控。

本次现场复核工作起止时间为 2 月 20 日至 27 日。现场复核完成后，复核意见成为图纸会审及设计交底的依据。

2. 图纸会审及设计交底

现场复核完成后，2 月 28 日，业主单位组织设计、施工、监理召开设计交底，对方案内容进行了梳理。在方案阶段，因申报及审批程序，分别形成了《沈阳故宫文溯阁修缮工程方案》及《沈阳故宫文溯阁修缮工程补充方案》等多个方案文件；概算文件经过国家文物局、沈阳市地方财政等多次资金评审，同样也有多份文件。这些不同的文件，各有角度，在维修内容上甚至存在冲突。经过施工单位与业主单位、监理单位共同探讨，秉持文物保护修缮"最少干预""不改变文物原状"等基本原则出发，在既有文件基础上，对本次修缮工程内容达成共识。方案经原方案批复以及补充方案的完善补充，图纸是在原方案基础上进行补充设计而来，故以补充方案图纸内容为准；同时要尊重国家文物局在技术、资金评审阶段形成的各项文件内容，这些文件内容在验收阶段也将成文物各级行政主管部门的验收依据，故本次工程以以上文本为准。

本次实施对与原方案不符、发生变化的内容统一梳理如下：

（1）油饰彩画

方案中原所述修缮地仗油饰，但是在方案批复、资金评审中将相关子项及工程量进行了核减，故本次修缮执行补充方案意见，即对地仗及油饰、彩画做好防护措施，不做处理。

（2）一层室内地面

室内地面实际为石材地面，因石材种类较为特殊，无法实现原方案修缮方式"按原形制补配缺失地面砖"。本次缺乏必要的修缮依据，故维持现状，不进行处理。

（3）台基阶条石

方案及图纸中对台基阶条石维修提出为"按原制归安"；但实际复核后发现，台明阶条石和陡板墙整体移位。由于外闪原因需在施工过程中进一步探明，故本次暂且保留，在施工过程中予以确定具体工程范围。

（4）二层槛墙拆砌

图纸注释"上层向外倾斜槛墙编号拆除"与补充方案意见"本次修缮不进行干预"相矛盾。因方案批复中有一条意见为需查明槛墙歪闪原因，不能单纯拆砌解决问题。故在后来独

立形成的补充方案中对该注释修改为"本次修缮不进行干预"，以补充方案意见为准。同时，设计方也表示，如在实施过程中发现槛墙结构不稳定，再协商处理。

（5）匾额

图纸注释中提出，"匾额进行除尘后，榫卯松动的部位拨正归位"，然而清单中没有项。从整体观感结果出发，应采取修缮；清单中无项的，可以进行增项。

（6）室内天花检修

图纸注释中提出"底层天花局部修补，顶层天花板整体拆修安"，然而清单中没有项。考虑整体修缮目标，按照方案整体进行原位检修，有问题的部分，进行拆修安；清单中无项的，可以进行增项。

（7）木装修工程

要求隔扇整体进行拆修安，但图纸中没有说明。考虑整体修缮目标，隔扇整体进行原位检修，有问题的隔扇，整体进行拆修安。

（8）室内书架维修

书架属可移动文物范畴，不属于文溯阁建筑构件，且对其做法、材质勘察不明，缺乏必要的修缮依据，本次不进行处理。

本次设计交底参与人：业主单位李声能、刘巧辰、吴琦；设计单位曾稚，监理单位张发军、贾晓嵩、郭毓敏，施工单位现场李军、艾超等。

除此之外，作为保护性修缮，附属措施项目工程为：影像资料采集、施工前屋面各部分尺寸数据采集及编号（文溯阁正吻、正脊、垂脊、垂兽；碑亭宝顶、吊鱼等部位测量）、附属设施避雷线的保护性拆除及恢复；大木构架上的油饰彩画保护工程；可用构件保护修复工程；石碑及天花保护工程；可用构件保护修复工程及新制构件复制工程；保护棚式脚手架搭设。

3. 项目重难点分析

本项目重难点从文溯阁及碑亭两座文物建筑的特殊性、客观条件以及工艺难度等几个角度出发,深入分析项目的重点、难点。

(1) 文物防护工作

部分文物不易迁离现场,需就地保护,需要做好部分文物防护工作。成品保护对象有碑亭内石碑、碑亭天花、檐下彩画以及其他未施工区域,文溯阁室外柱子、槛墙,室内为大木彩画、室内一二三层书架、木装修、就位保护的文物桌椅、石屏风、地面等施工内容之外的部位,同时包括材料运输所经的水泥库随墙门门洞口等。就以上部位周围具体实施情况,制定相应专项方案。

(2) 碑亭大木结构整修工作

①盝顶现为隐蔽部位,现实际做法不明,需慎重揭取灰背,揭取时做好记录,邀请业主代表及监理人员共同旁站查看盝顶构造情况;

②碑亭大木结构整修施工,受目前文物保护制度及社会环境等客观影响,其大木结构构件朽烂情况不明,故无法准确预估所需备木料种类、数量以及结构维修加固方案;在盝顶构造未明确前,其中构件复制工艺复杂难度几何,尚不可知。以上均为本次工程的不可预见项目。现先拟定当灰背完成揭取、大木结构逐层分解至稳定层次后,再行探讨修缮方法编制专项方案。且大木构件拆卸过程中需注意结构重心平衡,避免整体结构失稳或造成不必要的损伤。

(3) 构件保护性拆卸

经过对维修深度的分析,预计产生对文溯阁、碑亭建筑有关的琉璃构件、木构件的保护性拆卸,一方面拆卸过程中避免暴力拆除,保证拆卸构件完整性及再次利用的可能性,尽可能减少扰动及损伤;另一方面,注重对构件拆卸后现状记录、细部病害探察,以及构件现场

保管、修复等问题。

(4) 琉璃构件保护粘补

部分琉璃构件风化较为严重,表面严重脱釉、胎体风化;拆卸前要完整记录现状,谨慎判别维修程度、维修深度。拆卸至地面后,在施工现场内,择干扰较少的地点,开展琉璃构件保护粘补工作,尽可能使旧件再得以利用。编制琉璃构件保护专项方案。

(5) 季节施工

本工程计划工期180天,经历一个春季、一个雨季、清明节和"五一"两个节假日。春季施工,开工初期为暖湿气流交汇时期,雨雪较多,要注意除雪、防止"倒春寒"低温冻融,以及地面冻胀恢复后脚手架与地面孔隙的调整;4~5月多发大风,要采取防风沙措施,对灰、土及残土必须进行覆盖。雨季施工期间,首先,要采取相应的技术措施加以保证,每天完工后屋面用防雨布覆盖。其次,施工过程中将备有足够的抢险物资,与业主单位保卫部门密切联动,成立施工抢险领导小组,安全生产领导小组保证抢险施工的及时有序。每日关注天气预报,提前做好预防措施。重大节假日期间,游人客流量较大,必须做好现场的安全管理工作,并责成专人负责。

(6) 现场措施问题

①材料运输问题。因沈阳故宫内施工场地狭窄,按计划将料场设于东路大门东侧,材料从东路料场到西路文溯阁院落,将利用早开馆前、晚闭馆后这段时间完成,在节假日等游客密集时期尤其注意;场外运输受项目地点所在条件制约,施工的大部分材料需夜间进行运输,需与沈阳路城管、业主单位积极沟通协调。

②脚手架搭设。计划在脚手架基础上,对文溯阁屋面、碑亭屋面加附龙骨、铺设彩钢板,搭设整体防护棚进行防护,确保雨期屋顶排水

通畅、保证分项工程的成活质量，且避免高空过热、工人中暑引发的安全事故。

（7）工作程序

期间，业主单位召开开工前动员会议，对古建部现场代表及各参建方约定如下：

①现场三方应保持沟通，积极配合。现场如有发现与原方案勘察结论不符，或隐蔽部位新发现做法，施工单位应及时通知业主及监理单位到现场（必要时邀请设计方），共同验看，经洽商讨论后，履行相应手续，再行实施。

②古建部项目负责人每日收集现场施工进展情况，及时会同监理及施工单位制定、修正施工计划，必要时加大人力或设备、材料等的投入，避免影响总体工程进度及旅游开放管理。

③古建部项目负责人，有必要协调施工单位、监理强化工期严肃性，注重施工单位在相同专业和工种任务之间的综合平衡；在不同专业或不同工种和任务之间，强调衔接配合，确定交接日期，避免窝工。

④每个工序开工前，古建部需召集设计、监理及施工人员召开单项工程技术交底，向施工人员明确阶段施工技术及所应达到的阶段施工质量要求。

⑤古建部项目负责人员，需每日到施工现场进行施工检查，监督工作。关键部位的施工，坚持旁站，把好工程质量关，及时发现并解决问题，对不符合要求的施工部位，及时会同监理进行处理。

⑥坚持分部分项验收，每道工序完成后，需经三方验收签字，方可进行下道工序，同时注意各项隐蔽工程验收。验收依据以方案中设计标准、《古建筑修建工程质量检验评定标准（北方本）》GJJ39—91进行验收。验收程序遵照《古建筑修缮项目施工规程（试行）》执行。

⑦坚持质量例会制度。古建部每周组织监理及施工人员召开例会，对将要施工的部位、过程提出质量要求，分析总结上阶段工程质量状况，针对存在的质量问题提出整改措施。

⑧保证材料质量。古建部项目负责人及时会同监理人员，对进场材料质量进行检查验收，包括规格尺寸、材料外观、质保资料等，坚决杜绝不合格材料。督促施工单位抓好现场材料管理，采取必要的保护措施。进场材料应主动报验，并应积极配合业主及监理进行的抽样复检。

4. 场地布置及进度计划

（1）场地布置

场地分为以文溯阁院落为中心的修缮区、现场办公区。

①修缮区。位于东路南端东大门，可供车辆出入。故沈阳故宫所用修缮物料周转、存放、加工设置于东路大门内两旁。场内运输，于东大门北侧始，经井亭、崇政殿南、西扒门、扮戏房南，北转至水泥库随墙门旁。

文溯阁整体院落封闭条件较好，将南侧宫门封闭，保留水泥库西随墙门作为现场物料运输小门；北侧仰熙斋东西游廊北侧两端各向院墙取齐，即完成文溯阁及碑亭整体修缮区域的封闭。这种即保证足够施工场地，又保证区域较为独立，避免与游客游览路线交叉混流。

②现场办公地点。将东大门东侧奏乐亭旁房屋辟为项目施工方办公室。生活区由施工单位自行组织，安排于附近住宅区内。

根据以上现场条件，绘制现场平面布置图，见下页图。

依据《古建筑修缮项目施工规程（试行）》（文物规字〔2018〕2号）、《文物建筑保护工程施工组织设计编制要求》（文物保函〔2016〕1962号），本次工程由施工单位向监理方于

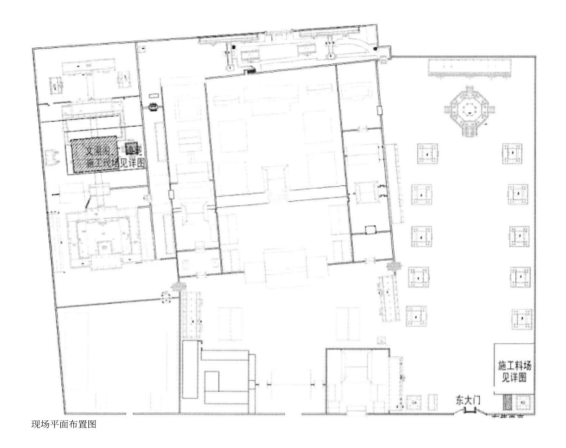

现场平面布置图

2018 年 3 月 1 日提出开工申请，开工时间为 2018 年 3 月 3 日，计划竣工日期为 8 月 30 日。

5. 现场准备及文物防护

3 月 3 日，施工方于项目地点周边居民区内布置工人宿舍；并安排机具、围挡彩钢板等材料进场。水源自西路卫生间接软管引入；备移动塑料水箱 2 个。安装临时二级配电箱时，发现漏保有问题，及时安排人员采购新的漏保进行更换。

随后，由业主代表协调展陈部，完成室内小件展览陈列品撤展及展厅陈设品交接。继而对室内搭建陈设品采用塑料膜全覆盖保护，自文溯阁一层地面、文溯阁柱子及槛墙、水泥库随墙门、碑亭地面、文溯阁一二三层书架、桌椅、屏风，文溯阁及碑亭檩垫枋构件外檐彩画、

院落东墙石碑、文溯阁南侧匾额进行防护。要求将所有塑料防护膜包裹严实、缝隙粘牢，避免落尘。对地面采用铺板防护。拆除三层室内现代增加的木拉门。文溯阁一层室内防护工作完成后，将一层门锁牢，非必要不出入。

碑亭井口天花拆除前，施工方发现天花图案方向无序，请业主代表赴现场旁站。经确认后，将井口天花全部拆卸保管，共计 25 块；拆卸落地后，先开展编号，随后采用珍珠泡沫包裹，整齐码放于宫门北廊下。

施工方开展班组安全教育，并对施工现场开展巡视。经院领导现场视察，保留水泥库西随墙门作为施工现场通道。施工方按要求制作五牌一图，张贴于入口。

文溯阁及碑亭屋面现已安设防雷系统，规格 7 毫米 ×4 毫米铜线在将屋面避雷线、接闪

器等防雷系统设施于 23 日与保卫部沟通确认后进行拆除工作。

6. 脚手架搭设

考虑本次脚手架较为高大，且在古建筑群内施工，为本次脚手架搭编制施工专项方案。并在顶棚加附龙骨、铺设彩钢板，搭设整体防护棚进行防护，以抵御降水、日晒、暑热等不利条件。

脚手架自 3 月 6 日开始搭设，3 月 12 日开展脚手架验收。此时天气仍然偏冷，气温为 -12℃～ -1℃；3 月 8 日经历降雪。施工方坚持现场巡视自检，并在雪后及时开展作业面除雪。在搭设过程中，考虑文溯阁体量高大，需将脚手管于二层室内，每间开窗，南北穿行拉结。该方案经与业主单位代表商议后，同意每间开启一扇窗进行架体横向拉结，同时在开启窗扇外罩塑料防护膜，防止降水天气淋雨，并且将窗扇开平，做好保护。

3 月 7 日经巡视发现，碑亭脚手架缺扫地杆，已按要求添加；碑亭北侧脚手架垫板偏离，

后经提出后完成扶正加固。

经验收，提出整改意见如下：

①文溯阁西山脚手架剪刀撑未到顶；

②文溯阁南北两侧脚手架端头加剪刀撑；

③文溯阁北侧一处立杆缺垫板；

④文溯阁爬梯两侧加挂安全网等问题。以上问题施工方当天即完成整改。

3 月 12 日—21 日，开展文溯阁屋面防护棚搭设。自南坡向北坡，依次架设钢管、木龙骨，并使用螺栓紧固。期间于 15 日有降雪，当日停工；16 日复工后发现南侧屋面约 80% 被冰雪覆盖，北侧屋面覆盖 100%。当天因冰雪覆盖严重，不具备施工条件，先行开展冰雪清理。至 17 日下午，将文溯阁北侧冰雪清理完成。19 日，甲方及监理对防护棚进行施工检查，提出：

①防护棚表面统一覆盖大眼网

②爬梯用小横杆加固。

以上两条于后续施工时陆续整改，至 22 日全部完成。使用期间，定期巡检维护、加固，在不利天气前先行检查、加固。

三、单体建筑分项施工做法

1. 文溯阁

文溯阁建筑修缮分项工程共六项，分为屋面工程、墙体工程、台基及地面工程、木装修整修工程、椽望地仗油饰工程、琉璃构件整修专项工程，以及配合本次项目发生的其他性附属设施保护工程。

（1）屋面工程

根据方案深度，本次文溯阁揭取屋面至望板，检修加固更换木基层构件后，恢复屋面。施工顺序：屋面基本分为二层北坡、二层南坡、一层北坡、一层南坡四个施工作业面，作业面之间流水施工，基本施工顺序自上而下、自北向南，即每个分项工程，从二层北坡起，后二层南坡、后一层南坡、再一层北坡的基本顺序。

总体施工流程如下：

①揭取瓦面→拆卸脊件→修补及遴选琉璃构件；

②灰泥背拆除→木基层检查确定数量→单独拆除瓦口及大连檐→望板（及压飞板）检修

/拆除；

③木基层检修：直椽、飞椽拆除及制安→检修、补配制安望板（及压飞板）→瓦口及大连檐制安；

④做泥背：护板灰→麻刀泥背→青灰背；

⑤恢复瓦面：屋面挑脊→分中→排瓦当→号垄—拴线→审瓦→滴水安装→底瓦安装→筒瓦安装→博脊、戗脊脊筒安装→夹垄打点；

以上完成后，恢复防雷系统。

①瓦屋面揭取及恢复

a. 揭取瓦面。准备工作完成后，瓦面揭取于 3 月 23 日开始。每垄瓦件自檐头起，依次摘除帽钉、勾头、滴水等，一垄筒瓦、一垄板瓦依次进行拆除。因筒瓦已经松动，局部走闪严重的北侧瓦面，多备沙袋以供踩踏，保证施工安全。

b. 拆卸脊件。3 月 24 日，首先自东向西对各个脊筒、大吻等琉璃构件编号，再依次拆卸琉璃正吻、垂脊。3 月 27 日开正脊"龙口"时，现场三方共同验看，龙口内无内容物。为避免泥土污染琉璃构件，将琉璃构件分别就近放置于院落青砖地面上，按序码放。3月29日围脊拆卸后，发现额、北侧背板糟朽严重。故依照工程现场有关管理程序，进行共同验看后，确认实施方案。

  c. 修补及遴选琉璃构件

  瓦件码放——拆卸瓦件后，在重新铺瓦前，须对瓦件予以检查及清理（即"剔灰擦抹"）。经审查，原瓦件基本符合古建筑修缮使用规格及要求。

  ②泥背层揭取及恢复

  灰背拆除。瓦面及屋脊揭取后，对灰背进行拆除。经实际勘察，灰背为"焦渣背"，即用炉灰的焦渣与白灰混合凝固而成的灰背；厚度200毫米，揭除过程中能够清晰识别青灰背、焦渣背及白灰背各个构造层。这种灰背在近四十年维修中经常使用，并非官式古建筑常用工艺。因焦渣背为混合材料凝固成型，灰背均需进行破坏性拆除，并运离现场。拆卸时，在确保电动工具振动对大木结构没有明显损伤的前提下，采用小型电动工具将灰背分解拆除。

  ③木基层整修

  完成灰背拆除后，三方检查对屋面望板及压飞板、檐头直椽、飞椽共同检查。灰背拆除后，经过三方检查，望板状态较好。望板表面有沥青防水。

  木基层制安：望板材料使用红松，原材料于入场前，先行向监理提出材料报验。完成核查有关报告后，3月下旬，对入场材料在东路料场进行现场加工。望板做柳叶缝望板，规格1300～2000毫米×200毫米×30毫米。按照高等级官式古建筑做法，望板为柳叶缝望板，即望板长边边缘做45°斜角。

  验收认为，文溯阁椽类制安分项工程，用料树种、含水率、安装牢固程度、施工工艺、防腐防虫处理等主控项目均符合设计要求，安装角度、表面光洁程度、缝隙、用材直顺程度、材料疤节数量、劈裂裂隙、无残损等一般项目符合要求，验收合格。施工进入苫灰背环节。

  ④苫灰背

  依据方案，文溯阁灰背分别做护板灰、麻刀泥背、青灰背三层，其中护板灰20毫米厚、麻刀泥背200毫米厚、青灰背50毫米厚。

  护板灰：望板恢复完成后，开始苫灰背。护板灰于4月14开始施工。实施前，先用大麻刀灰勾抹望板缝隙。麻刀均需松散、干净，不霉不潮（下同）。每日对护板灰进行晾晒、赶轧。至16日，经三方验收合格，进入苫泥背工序。

  泥背：根据方案，为黄泥掺白灰，灰泥比为1：3，黄泥体积约为灰泥体积的15%，灰背中掺夹麻刀。泥背在开始连檐、瓦口之日即已备下，需要将黄泥、白灰分层掺夹在一起闷制半个月左右。4月18开工，使用木抹子苫泥背，对灰背晾晒期间进行共计九次赶压。4月28日完工，经验收合格。施工期间天气晴朗，温度8-23℃。泥背验收合格后，进入青灰背工序。

  青灰背：泥背验收合格后，先行泡制青灰浆，供次日青灰背苫抹使用。本工序于5月8日开始。根据方案，青灰背厚30毫米，屋脊做扎肩灰宽50厘米，分别与前、后坡青灰背抹平。青灰背晾晒同样需要赶轧，防止灰背开裂。泥背干透后在上面抹大麻刀青灰背一层，厚2～3厘米，先将麻刀抖匀，用抹子拍进青灰背内，再洒青灰浆一遍，用抹子赶轧均匀。轧活时不得穿硬底鞋上房；操作时踏软板梯刷；处理边缘时，不得站在连檐和博风楞口上。基本晾晒完成后，依照传统工艺，在表面打"梅花窝"。至 5 月 16 日完成，期间天气晴朗，温度 15-27℃。

得益于屋面搭设的保护棚，施工期间完美避开施工期间的降水天气，且使泥背晾晒期间避免过度日晒导致的干缩、龟裂，保证了工程质量及施工期间的建筑及文物安全。

完工后经三方隐蔽验收，屋面泥背平整；无明显开裂；没有干麻包等质量缺陷；验收合格，开展挑脊宽瓦工序。

⑤挑脊宽瓦

完成挑脊后，4 月 30 日开始宽瓦工序。按照原制，采用黑、绿两色琉璃进行铺装，即黑琉璃瓦绿剪边瓦面；其中绿琉璃瓦边垄各有 3 垄为全绿琉璃，其余各垄为脊根三节，檐头边缘三节（含勾头）。

宽瓦前，陆续将遴选好的瓦件，按将使用的颜色、数量搭放于屋面。注意板瓦应扣放，避免堆叠过高而滑落。安排四组工人，每组 3～4 人，两人在前自下而上，瓦两垄底瓦；后再跟一组工人一节一节，自下而上、自檐头向脊部宽筒瓦。两组工人自两边向中间赶。

分中：首先，结合原有位置，在前、后、檐口确定屋面开间方向的中点，即"分中"。根据原有现场勘察结论，瓦垄共 103 垄。其次，再排瓦当：以中间和两边的底瓦为标准，分别在左右两个区域内赶排瓦口，适当调整蚰蜒当的宽窄。瓦口根据排出的瓦当进行现场配制，瓦口木钉在大连檐上。再为进行"号垄"，即将各垄盖瓦的中点，平移到屋脊扎肩的灰背上，并做出标记。整体宽瓦前，先按照既定的定边垄位置进行铺灰，瓦好两垄底瓦和一垄盖瓦，然后以边垄盖瓦垄上的熊背为准，在正脊、中腰、檐口等位置拴三道横线，作为整个屋顶瓦垄的高度标准。本次因文溯阁瓦面坡长较长，共拴 3 道线。再择几处适当位置，按"三线"

铺筑几条标准瓦垄，以检查屋面高低。

安装滴水瓦时，在滴水瓦尖位置拴一道与檐口平行线，为滴水瓦的高低和出檐标准；滴水瓦出檐为该瓦的舌头厚度，位置确定后即可安放滴水瓦，并在瓦的尾端缺口内加钉固定。勾头以檐口线为准，探出滴水身长约 1/10。在两块滴水缝中间处放一块碎瓦，即"遮朽瓦"，以挡住勾头铺筑的瓦泥灰。勾头瓦的出檐为瓦头"烧饼盖"的厚度，勾头盖里皮紧贴滴水瓦外皮。

瓦底瓦，按照已排好的瓦当和脊上号垄标记，拴挂一根上下方向的瓦刀线，瓦刀线的上端固定在脊上，下端拴一块瓦吊在屋檐下，线的上中下之高低以"三线"为准。拴好线后即可铺筑瓦泥灰安放底瓦，铺灰厚度一般为 3 厘米左右。底瓦应窄头朝下，压住滴水瓦，然后以下往上依次叠放，按照屋面曲线上陡下缓的特点，底瓦密度"疏脊密檐"，标准为屋脊"压六露四"、屋檐"压七露三"，且无论哪种密度，都应做到"三搭头"，即在叠层面上，第三块底瓦应与第一块底瓦长度上能够搭接。底瓦的高低和顺直应以"瓦刀线"为准，瓦要摆正，避免"不合蔓"；不得偏歪，防止"喝风"。

瓦筒瓦同样从下往上，后一块压住前一块"熊头"。同时应注意"大瓦跟线，小瓦跟中"。灌装坐垄灰时，采用钉制上下空心的木盒，用作装坐垄泥，即"拉盒子"，使坐垄灰饱满，边缘整齐。因文溯阁琉璃瓦为黑、绿两色，用黑灰色小麻刀灰夹垄。夹垄上口与瓦翅外棱抹平，两边与底瓦之间的空隙用夹垄灰填满抹实，下脚平顺、垂直，夹垄后清扫干净。

实施过程中，由业主和监理及时旁站，对部分底瓦"睁眼"过大、裁偏等问题进行指出，如灰泥尚未固化，则及时调整。

经验收，文溯阁琉璃瓦屋面工程遵照传统

工艺恢复瓦面，未改变原形制。材料符合古建筑修缮要求，瓦件形状均匀，颜色合格。屋面做法方面，分中号垄正确，瓦垄基本直顺，屋面曲线适宜；底瓦无明显偏歪，底瓦间缝隙不应过大，檐头瓦无坡度过缓现象。勾抹瓦脸严实，瓦灰泥饱满严实，外形美观。总体验收合格。并提出如下意见：①若干睁眼、夹垄不到位之处进行打点；②局部调整高度不均匀的筒瓦。

（2）墙体工程

根据方案内容，本次施工对象为一层南北梢间槛墙，共计四面，对风化青砖进行剔补。二层槛墙及两侧山墙保持原貌，不在本次施工范围。经现场勘察确认，原做法为城砖撕缝墙面，与方案勘察结论相符。

剔补需先将墙面浇水湿润，以减少扬尘，采用自制凿具从上而下分段进行面层剔凿；先将酥碱部分剔除干净，再用厚尺寸的砖块，砍磨加工后按原位镶嵌牢固。完工后，再整体抹面找平。施工时间为 6 月 29 日—7 月 10 日。

（3）地面及台基工程

地面及台基工程总体分为地面揭墁、阶条石归安以及踏跺整修工程。由于台基本身已经风化、走闪，导致阶条、踏跺都已偏离原有位置，故本次整修应以山墙边缘挂线找出基准点后，对台基阶条归安找齐。整体施工顺序为：地面揭墁对台基阶条粘补整修→阶条石归安→地面砖恢复→踏跺拆砌。

①地面揭墁

按照方案及设计交底确认工程范围，本次地面揭墁对文溯阁南北廊内以及南侧月台砖地面揭除重墁。先行对地面进行揭除，做好原样记录，然后逐行逐块用撬棍轻轻揭除，保证揭取的青砖完整，再将青砖上的灰土清理铲除干净，在附近码放整齐，清点数量，待行恢复；同时先行预备需要补换青砖数量。重新铺墁前，

先清理旧垫层：垫层做好后，四角抄平；月台需自北向南、自中间向两侧找出坡水。找好水平后，在墙壁四周弹出水平线，根据原样分出行数挂线，进行铺墁。

本次铺墁在台基阶条归安完成后进行。铺墁时，将青砖先行在水里泡透，新进场的青砖砍磨出灰口。墁砖前，将垫层在基底铺平，浇灌白灰浆；将方砖找准位置，按趟铺墁。青砖落于垫层上后，用橡皮锤轮番敲击四角，使四角各面平整。

②阶条石归安

文溯阁阶条石呈灰白色，为石灰岩，是沈阳故宫清中期建筑常见石材。按照方案要求，文溯阁石作部分修缮内容为补配严重残损石构件，对走闪严重的石构件归安。文溯阁共计建筑南侧、北侧台明共计 50 延米阶条石需进行归安；其中北侧西次间阶条石完全断裂，本次予以粘接。

文溯阁北侧台明、南月台阶条石歪闪，其下陡板、土衬石及内里金刚墙均发生歪闪，应对陡板石、土衬石归安，金刚墙拆砌。拆砌发现因金刚墙为水泥砂浆砌筑，原材料不可清理使用，予以全部换新。施工时间 7 月 13 日—15 日。

石构件因风化酥裂严重造成石构件局部残缺或断裂，修补前先将残缺表面酥碱部分剔除干净，用预先配好的"补石药"粘补齐整，修补完成后待"补石药"完全固化后再在表面进行做旧处理，以与周边石材协调。"补石药"由粘接剂掺石粉及色料配成，正式修补前进行试验，以使其色泽和效果达到技术要求。

③踏跺整修

文溯阁南北两侧及南侧东西券门各有一台阶，共计四座。本次台基归安后，对走闪的踏跺进行拆砌。拆砌现将各垂带、象眼、踏步进

行拆解；对砚窝石高度进行调整水平后，依次恢复象眼内青砖、踏步石以及垂带石。调整砚窝石的同时需要调整地面散水砖，防止倒戗水。施工时间为 7 月 11 日 -17 日。

（4）木装修整修工程

根据方案内容涉及交底意见，小木作主要实施内容为：一二层门窗检修加固、补配三楼吊罩雕刻件、检修三楼顶棚白樘箅子。

工程于 5 月 30 日开始施工，总体施工自上而下，从三层的窗扇、白樘箅子、落地罩雕刻件等开始制安。该工序至 7 月 25 日基本完工。

①隔扇门窗检修加固

本次对三楼南北的隔扇门窗进行检修加固。由于槛墙变形以及隔扇门窗长期遭受雨淋等不利条件，三层隔扇窗发生明显的变形，导致门窗存在关闭不严、漏缝等问题。历史使用过程中，对门窗缝隙采用海绵、报纸等进行裱糊、填堵。本次对隔扇窗进行调平整修，对槛框、窗子转轴、鹅项等进行检修补配，改善现状。

②室内雕花吊罩检修

根据方案，对三层室内的落地雕花吊罩，选择含水率为 ≤15% 的风干或烘干红松木料，选节疤少、无劈裂和顺木纹的材料；制作团寿、棂条的小木作木料，要无劈裂和透节疤。对新补配构件表面刷清漆。

③白樘箅子整修

经实际勘察，三层室内天花为白樘箅子形式，表面为裱糊纸张，以木方吊支安装于梁架大木结构。白樘箅子整体较为完整，局部有变形、脱落、缺失棂条，对白樘箅子予以归安、加固，补配脱落缺失棂条；表面裱纸褪色、张裂、脱落，对裱纸予以揭除。揭除白樘箅子，在室内搭设满堂脚手架，做好室内书架防护措施。

（5）椽望地仗油饰工程

本工程对文溯阁椽望油饰进行重绘。因本次更换部分飞椽、望板的同时，拆除原有连檐、瓦口。连檐、瓦口本身为细小木构件，拆除后无法做到重复利用，故本次更换新构件。

因新换木构件后，木构件曝露在外，且檐头部位常遭水淋，木茬反复吸水形成干缩湿涨，会极大地缩短檐头部位构件使用寿命。出于"最少干预"考虑，对本次新更换檐头部位的连檐、瓦口，均按照原有形制，做三道灰地仗、望板黑油、椽飞做绿帮白底油饰，保证新换连檐、瓦口等木基层构件有较好的防潮性能，提高使用寿命。原有椽头彩绘刷绿油封护，彩绘遵照批复意见，不予重绘。

2. 碑亭

碑亭主要施工内容为屋面工程、大木结构整修工程、墙体工程、地面及台基整修工程、地仗油饰工程。因本次施工涉及大木结构整修，应先行挑顶揭盖，完成大木结构加固后，再行恢复屋面。其余墙体、地面及台基等工程，按施工条件及作业面，有序开展。施工做法方面，因苫背、宽瓦、墙面剔补、阶条归安、地面剔补等做法与文溯阁相似，有关文字从略。

施工顺序为：垂脊及宝顶拆卸→屋面瓦保护性拆除→揭除灰背及望板、连檐瓦口→飞椽及翘飞椽、直椽及翼角椽→保护性拆卸雷公柱、由戗、仔角梁、老角梁→檩件检修加固、复制构件→屋面恢复→墙体工程→地面及台基工程→地仗油饰工程。

（1）屋面工程

①瓦屋面及宝顶揭取及恢复

a. 施工顺序。碑亭屋面为盝顶式攒尖顶，基本分为北坡、东坡、南坡、西坡四个作业面。作业面之间采用流水施工法，基本施工顺序自上而下、自北向南，即每个分项工程，先完成宝顶拆除后，从北坡起，顺时针旋转施工。

b. 揭除瓦面。参考文溯阁做法, 此处从略。

c. 拆卸垂脊、宝顶。脊筒拆卸于 3 月 24 日开始。实施前, 首先自东向西以"方位 + 序号"方式对各个脊筒、大吻等琉璃构件编号, 再依次自垂脊头, 由低到高, 逐个拆卸琉璃垂脊、宝顶。为避免泥土污染琉璃构件, 将碑亭琉璃构件置于北侧游廊廊内, 按序码放。

d. 拆卸过程中发现脊筒有严重碎裂的情况, 施工单位及时联系监理及业主确认。仔角梁套兽拆卸时, 共计拆卸 4 个, 发现西南角套兽有"文溯阁"三字款识。

屋面恢复为大木构架整修完毕并验收合格后, 5 月 8 日开展实施。护板灰、泥背、青灰背做法与文溯阁相同, 从略。

挑脊宽瓦 : 6 月 2-5 日, 先行陆续将碑亭使用瓦件倒运至现场; 6 月 5 号, 先挑屋面垂脊。至 7 号完成, 调好脊的坡面就开始宽瓦, 至 10 日瓦完。

宝顶安装 : 宝顶按照原拆卸顺序, 严格依照原形制施工。6 月 7 号完成调脊后, 进行宝顶安装。本次恢复时, 雷公柱为重新复制, 宝顶桩子已恢复。故将宝顶各部分构件包裹宝顶桩子进行恢复。碑亭为全黄琉璃瓦, 灰浆采用红灰。每叠一层之前, 在下层琉璃构件表面施红灰, 再将宝顶桩子和琉璃宝顶之间缝隙灌满, 防止红灰外泄。经填灌、砌筑, 最后将宝顶扣于宝顶桩子, 碑亭宝顶归安完成。

屋面完工后, 协调保卫部, 对原有避雷针、避雷带、支架保护性拆除并恢复。

②泥背层揭取

灰泥背材质与文溯阁相同, 为焦渣背。拆除 200 毫米厚, 4 月 3 日完成拆揭。材质、构造做法与文溯阁相同。

③木基层揭取

望板及椽飞木基层

4 月 3 日经三方现场确认, 碑亭望板全部予以拆除, 并换新。4 月 4 日开始实施。次日, 发现在头层望板下发现盝顶椽构造, 三方对构造做法予以确认, 并对糟朽情况核实。经查, 盝顶椽及其下望板、由戗背板、仔角梁糟朽均较为严重。7 日, 对出椽飞糟朽情况进行确认后, 整理更换及重复利用的, 开展更换。

记录如下 :

飞椽及翘飞椽 : 飞椽及翘飞椽分别为屋面檐出的小木构件。4 月 8 日起, 开展飞椽及翘飞椽拆除工序。先行对每一面进行编号, 后经实际勘察各朽烂深度, 由三方共同确定利旧及更换数量后, 再行维修。构件制作工艺做法参考文溯阁。

飞椽规格 100 毫米 ×100 毫米 ×1370 毫米, 经实际勘察, 部分腐朽深度为 30 毫米～ 40 毫米。本次维修根据维修深度, 将原飞椽全部拆卸, 一一检视后遴选利旧及更换椽子。经筛选, 飞椽按原形制制安共 31 根, 利旧 57 根; 其中 : 东坡更换 16 根, 利旧 6 根; 西坡更换 3 根, 利旧 19 根; 北坡更换 7 根, 利旧 15 根; 南坡更换 5 根, 利旧 17 根。

翘飞椽规格 100 毫米 ×100 毫米 ×1800 毫米 /1500 毫米 /1350 毫米, 碑亭翘飞椽按原形制制安共计 40 根, 利旧 27 根, 剔补 5 根。其中, 东坡东北角 1、3、5、6 号及东南角 1-6、8 更换, 计 11 根; 东北角 2、4、7、8、9 及东南角 7、9 号利旧, 计 7 根; 西坡更换西北角 1、2、4、7 号, 计 4 根; 西南角 1-6、9 号更换; 计 7 根; 西北角 3、5、8、9 及西南角 7、8 号利旧, 计 6 根。

以上分项工程于 4 月 28 日开始实施, 5 月 7 日完成验收。验收认为, 飞椽及翘飞椽制安分项工程, 用料树种、含水率、安装牢固程度、施工工艺、防腐防虫处理等主控项目均符合设计要求，安装角度、表面光洁程度、缝隙、用材直顺程度、材料疤节数量、劈裂裂隙、无残损等一般项目符合要求，验收合格。

直椽及翼角椽：规格 100 毫米 ×100 毫米 ×2670 毫米，部分腐朽深度为 30 毫米～ 40 毫米，或椽径不足、长度不足。经筛选，直椽按原形制制安共 90 根，利旧 54 根。其中，东坡更换 22 根，利旧 14 根；西坡更换 12 根，利旧 14 根；北坡更换 2 根，利旧 34 根；南坡更换 18 根，利旧 18 根。该分项工程于 4 月 30 日完成验收。验收认为，直椽更换分项工程，用料树种、含水率、安装牢固程度、施工工艺、防腐防虫处理等主控项目均符合设计要求，安装角度、表面光洁程度、缝隙、用材直顺程度、材料疤节数量、劈裂裂隙、无残损等一般项目符合要求，验收合格。

翼角椽规格 100 毫米 ×100 毫米 ×2080 毫米 /1750 毫米 /1600 毫米，部分腐烂深度 30 ～ 40 毫米，或椽径、椽尾长度不足。本次维修根据维修深度，将原飞椽全部拆卸，一一检视后遴选利旧及更换椽子。经筛选，本次翼角椽重新制安共计 44 根，利旧 28 根。其中，东北角 1-9 号更换；东南角 1-3 号、7-9 号更换，4-6 号利旧；西坡西北角 3-9 号更换，1-2 号利旧；西南角 1、5-9 号更换，2-4 号利旧；北坡东北角 6-9 号更换，1-5 号利旧；西北角 1-9 号利旧；南坡南西角 2、7-9 号更换，1、3-6 号利旧；东南角 1、2、4-9 号更换，3 号利旧。翼角椽制安分项工程于 4 月 30 日完成验收。验收认为，翼角椽更换分项工程，用料树种、含水率、安装牢固程度、施工工艺、防腐防虫处理等主控项目均符合设计要求；安装角度、表面光洁程度、缝隙、用材直顺程度、材料疤节数量、劈裂裂隙、无残损等一般项目符合要求，验收合格。

碑亭枕头木规格为 205 毫米 ×70 毫米 ×1650 毫米，位于每边翼角椽之下，为撑垫翼角椽之用，每边两块，共计 8 块。本次经三方共同现场验视，4 月 30 日完成分项验收。验收认为，用料树种、含水率、安装牢固程度、施工工艺、防腐防虫处理等主控项目均符合设计要求；安装角度、表面光洁程度、缝隙、用材直顺程度、材料疤节数量、劈裂裂隙、无残损等一般项目符合要求，验收合格。

盝顶椽为弓形，本次对盝顶椽糟朽严重，全部拆除，依照原形制制安；每坡 14 根，四坡共计 56 根，5 月 8 日完成分项验收。验收认为，用料树种、含水率、安装牢固程度、施工工艺、防腐防虫处理等主控项目均符合设计要求；安装角度、表面光洁程度、缝隙、用材直顺程度、材料疤节数量、劈裂裂隙、无残损等一般项目符合要求，验收合格。

小连檐：本次全部拆除并重新制安，共计 40.8 米。5 月 7 日完成分项验收。验收认为，用料树种、含水率、安装牢固程度、施工工艺、防腐防虫处理等主控项目均符合设计要求；安装角度、表面光洁程度、缝隙、用材直顺程度、材料疤节数量、劈裂裂隙、无残损等一般项目符合要求，验收合格。

闸挡板规格 110 毫米 ×100 毫米 ×10200 毫米，本次全部拆除并重新制安，共计 40.8 米。5 月 7 日完成分项验收。验收认为，用料树种、含水率、安装牢固程度、施工工艺、防腐防虫处理等主控项目均符合设计要求；安装角度、表面光洁程度、缝隙、用材直顺程度、材料疤节数量、劈裂裂隙、无残损等一般项目符合要求，验收合格。

大连檐规格 30 毫米 /110 毫米 ×100 毫米 ×10200 毫米，本次全部拆除并重新制安，共计 40.8 米。5 月 7 日完成分项验收。验收认为，用料树种、含水率、安装牢固程度、施工工艺、防腐防虫处理等主控项目均符合设计要求；安装角度、表面光洁程度、缝隙、用材直顺程度、材料疤节数量、劈裂裂隙、无残损等一般项目符合要求，验收合格。

瓦口规格25毫米×50毫米×10200毫米，本次全部拆除并重新制安，共计40.8米。5月7日完成分项验收。验收认为，用料树种、含水率、安装牢固程度、施工工艺、防腐防虫处理等主控项目均符合设计要求；安装角度、表面光洁程度、缝隙、用材直顺程度、材料疤节数量、劈裂裂隙、无残损等一般项目符合要求，验收合格。

④盔顶望板部分：

望板规格均为30毫米厚板，长度随所在部位调整。本次全部为新制。5月7日完成分项验收。验收认为，用料树种、含水率、安装牢固程度、施工工艺、防腐防虫处理等主控项目均符合设计要求；安装角度、表面光洁程度、缝隙、用材直顺程度、材料疤节数量、劈裂裂隙、无残损等一般项目符合要求，验收合格。

盔顶附加望板全部糟朽严重，无法达到使用要求，需按照原样进行拆除、制作、安装。5月7日完成分项验收。验收认为，用料树种、含水率、安装牢固程度、施工工艺、防腐防虫处理等主控项目均符合设计要求；安装角度、表面光洁程度、缝隙、用材直顺程度、材料疤节数量、劈裂裂隙、无残损等一般项目符合要求，验收合格。

（2）大木结构整修工程

4月11日，屋顶椽子拆除完毕后，露出碑亭大木构架。经现状记录，如下：

①雷公柱

雷公柱规格为柱身φ520毫米×1200毫米、宝顶桩子φ200毫米（原长已朽烂不存，仅存根部）。拆除琉璃宝顶后，发现雷公柱尾部糟朽腐烂严重，拆除时未见雷公柱的宝顶桩子，宝顶内芯均为白灰填实，应为上一次简易维修的处理方式。本次予以复制。其中宝顶桩子按宝顶内长1800毫米恢复；完成安装，尾部加铁箍一周。

拆卸下来的原雷公柱呈深褐色，周身共开8卯口，分别为交接由戗、老角梁的卯口。构件由业主单位收入库房保管。4月26日，完成该分项验收。验收认为，用料树种、含水率、安装牢固程度、施工工艺、防腐防虫处理等主控项目均符合设计要求；安装角度、表面光洁程度、缝隙、用材直顺程度、材料疤节数量、劈裂裂隙、无残损等一般项目符合要求，验收合格。

②由戗

由戗规格260毫米×220毫米×4100毫米。经现场检查发现：①东北角由戗糟朽严重糟朽深度达110毫米，无法继续使用，本次予以更换；②东南、西南、西北三根由戗分别出现不同程度糟朽，对糟朽部分进行剔补可以继续使用。剔补共6处，面积分别为0.2平方米、0.43平方米、0.21平方米、0.42平方米、0.24平方米、0.45平方米。需全部拆除，按照原制进行制作、安装。4月25日完成该分项验收。验收认为，用料树种、含水率、安装牢固程度、施工工艺、防腐防虫处理等主控项目均符合设计要求；安装角度、表面光洁程度、缝隙、用材直顺程度、材料疤节数量、劈裂裂隙、无残损等一般项目符合要求，验收合格。

由戗四块盔顶背板220毫米×220毫米×2080毫米和下段四块背板，共8块糟朽严重，无法继续使用。本次维修全部拆除，按原制恢复。

③仔角梁

仔角梁规格400毫米×220毫米×3700

毫米，现场拆卸时，发现腐朽深度达 120 毫米以上，深度超 50%，采取制安换新处理。四根仔角梁拆卸时现场验视结论认为，四根仔角梁现状均糟朽严重，无法继续使用。对此，现场施工将四根仔角梁全部拆除、新制并依照原尺寸更换；4 月 25 日，碑亭仔角梁制安项开展验收。验收认为，用料树种、含水率、安装牢固程度、施工工艺、防腐防虫处理等主控项目均符合设计要求；安装角度、表面光洁程度、缝隙、用材直顺程度、材料疤节数量、劈裂裂隙、无残损等一般项目符合要求，验收合格。

④老角梁部分

老角梁规格 220 毫米 ×350 毫米 ×2918 毫米，分别出现不同程度糟朽，其中对东南、东北、西北三根剔补，工程量分别为 0.42 平方米、0.2 平方米、0.2 平方米，维修时拆卸运至东路料场进行加工。4 月 15 日，完成老角梁剔补。后运回碑亭施工现场归安于结构，将四根老角两后尾均与仔角梁、由戗整体打铁箍加固。经分项验收，对主控项目中的牢固程度、施工工艺、防腐防虫处理均符合设计要求；一般项目中的安装角度、表面光洁、无缝隙等项目均验收合格，验收合格。

⑤圆檩

碑亭圆檩整体出现拔榫情况，需拆除、嵌缝、调平、搭交榫卯粘结加固及吊装安装。

a. 正心金檩

规格 φ330 毫米 ×6185 毫米；拆卸时发现多处开裂，裂缝宽度 15 ～ 20 毫米，搭交榫头严重断裂，檩高低不平。本次予以对开裂出粘补嵌缝 25.64 平方米，搭交榫头拼接加固 8 处，檩整体吊装调平 4 根。

b. 上金檩

规格 φ300 毫米 ×3850 毫米，拆卸时发现多处开裂，裂缝宽度 15 ～ 20 毫米，搭交

榫头严重断裂。本次予以对开裂出粘补嵌缝 14.51 平方米，檩整修调平 4 根。

c. 檐檩

规格 φ260 毫米 ×7130 毫米，拆卸时发现多处开裂，裂缝宽度 15 ～ 20 毫米，搭交榫头严重断裂。本次予以对开裂出粘补嵌缝 23.28 平方米，檩整修调平 4 根。

⑥大木构架整体加固

大木结构将拆卸至檐檩，其上正心金檩、上金檩一并拆卸并检查残损情况。檐檩下部构造斗栱撑头木进行剔补，剔补 5 块。按照传统工艺及建筑需要，对上架大木檩条、由戗、角梁进行粘补嵌缝。整体加固前，应先挑选木材，尽量与原木构件相符。木构件用料不得出现劈裂和顺木纹，必须选择道长、顺直木料。所有木构件长短及截面尺寸要与原构件规格尺寸一致，经检验合格后，再批量加工。

做好碑亭内石质文物硬防护，防止上方施工时掉落杂物，损伤石质文物。

4 月 16 日，完成碑亭檐檩、正心金檩、上金檩等檩条吊装、调平。大木架开裂部位用木条粘牢补严 80.13 平方米，盖斗板添配 5 件；圆檩 8 处搭交榫，剔补粘接 20 处。吊装安置后对 12 根檩找平。该分项工程经业主及监理现场隐蔽验收合格。

4 月 18 日，逢省文物局及北京专家赴沈阳，并邀请至本工程现场，对现场施工进行技术指导。经过专家对碑亭大木构件糟朽情况进行验看，认为仔角梁、由戗、雷公柱等构件需要更换。并对老角梁加固措施予以肯定。

(3) 墙体工程

墙体整修工程范围为墙体上身抹灰及槛墙剔补。因碑亭槛墙也为城砖撕缝做法，故剔补做法与文溯阁基本一致，此处文字从略。

抹灰整修。根据方案内容，本次对碑亭四

面曲尺墙内外上身抹灰进行整修。抹灰前，将表面的尘土、污垢、油渍等清除干净，并应洒水润湿。随后，将墙体表面抹灰砍挠干净，露出墙体青砖。砍挠时应轻轻敲击，避免破坏青砖墙体。其中，发现局部砍挠痕迹过重，伤及青砖，要求更改工具，并示范手法及力度。

砍挠完成后，将表面浮灰扫净，并在表面喷水，使墙面潮湿。先行在东路料场淋泡白灰，并梳麻，制备麻绺。先将麻绺约一尺长，每绺上下及左右各间隔30-40厘米，在墙缝内钉入麻绺一道，随后按照方案采用砂子灰抹面16毫米厚。抹面过程中，将麻绺夹入灰浆中擀匀压实。实施时间为7月10日—19日。随后，7月20日—25日，晾晒墙面麻刀灰。待底灰干燥完成后，7月30日，墙面按原形制恢复故宫红色墙面。

经验收，普通抹灰表面光滑、洁净，接槎平整、阴阳角顺直。干燥程度符合要求，表面没有开裂。抹灰层的总厚度符合设计要求；颜色符合原形制做法。验收合格。

(4) 地面及台基工程

地面及台基工程整修内容为地面砖剔补、阶条归安、踏跺拆砌。此处做法与文溯阁相似，文字从略。施工时间为7月11日至7月29日。

(5) 地仗油饰工程

出于对新换木构件保护考虑，对新换且暴露于外檐的仔角梁、椽望做三道灰地仗，仔角梁按原形制彩绘；椽望刷红绿两色油漆三道、罩光油一道。实施时间为6月13日—7月20日。经现场分项验收，该地仗、油饰符合碑亭原形制，符合文物修缮要求，验收意见合格。

因地仗、油饰工程量不包含在方案、清单等有关文件中，但因实际现场做法，从木构件耐久的长远考虑有必要发生，故形成四方洽商。

3. 琉璃构件整修专项工程

此次工程，将文溯阁、碑亭琉璃艺术构件进行了粘补、加固，在后期恢复时，全部使用原有构件。3月23日开始拆除宝顶。3月26日起，陆续对琉璃构件开展清理、打磨，开展粘补、拼接。

按照方案，碎裂脊件进行拼接、粘补、加固。本项工作于3月26日开展。碑亭修补过程中，经过对四条垂脊的花纹拓印、比对，发现东南垂脊脊筒花纹有一处脊筒并不连续。通过在其他脊筒花纹比对以及脊筒自身序号，发现东南垂脊有一脊筒位置错乱。该情况由业主代表现场提取信息时发现，与监理、施工现场确认后，决定按照正确顺序调整脊筒位置。

修补脊筒按照原有施工方案开展。修补工作于5月完成。

拆除发现：文溯阁围脊、碑亭戗脊及宝顶胎子砖，基本使用碎瓦片以及少数240红砖。本次按照传统工艺，改换使用青砖，规格240毫米×120毫米×60毫米。

宝顶为须弥座式，全黄琉璃，共计10层。顶端为宝珠。将宝顶琉璃件自上而下按序编号为1～10。宝顶拆卸为24—25日。拆碑亭屋面宝顶时由三方共同现场验看，确认宝珠内未发现物品。拆卸至地面后，立即依照修复方案，对脊筒进行拼接、粘补、接缝等处理。

四、材料检验

本次施工为施工方包工包料式。依照文物保护工程管理规定，主要施工材料履行报验制度。材料进场前，由施工单位先提供样品及检验报告，并由业主和监理单位对样品及合格证书共同验收检视合格后，适当保留样品封样保存，方同意施工方批量购置该瓦件。到场材料由监理及业主单位抽样送行复检。材料按本次施工程序进行检验，材料检验合格；且在后续验收过程当中整体感官效果较好，符合文物保护修缮材料要求。

本工程进行报验的材料有琉璃构件、青砖、木材、白灰等材料。

1. 琉璃构件

文溯阁及碑亭屋面均为琉璃瓦顶。文溯阁屋面以黑绿两色琉璃构件为主。

瓦件经复试检验，符合烧结瓦质量标准，黄、绿琉璃瓦颜色符合古建筑使用要求，验收质量合格。

2. 青砖

本次青砖为地面、台基部位使用青砖，分别为 400 毫米 ×400 毫米的尺四方砖以及 480 毫米 ×240 毫米 ×120 毫米的城砖。本次使用为天津蓟州区产青砖，由"北京凝祥古建筑材料检测中心"出具试验报告。

（1）城砖

城砖委托日期为 2017 年 6 月 23 日，取样方式为送样。代表数量 20000 块，试验时期为 2017 年 6 月 28 日。

检测依据为 GB/T 2542—2003。样品状态符合要求，颜色为灰色。

试验结果如表 1。

试验结论：依据文物建筑砌筑用评定标准，该样品经检验抗压强度符合 MU7.5 级标准的规定，吸水率、冻融符合要求，泛霜等级为合格品。

（2）尺四方砖

尺四方砖委托日期为 2017 年 8 月 29 日，取样方式为送样。试样数量 6 块，代表数量

2000 块，试验时期为 2017 年 9 月 23 日。

检测依据为 GB/T 2542—2003。样品状态符合要求，颜色为灰色。

试验结果如表 2。

试验结论：依据文物建筑铺墁青砖评定标准，该样品经检验抗压强度、抗折强度符合 MU7.5 级标准的规定，吸水率、冻融符合要求，泛霜等级为一级品。

3. 木材

木作原材料进场后，会同监理对木材的外观质量进行检查，并及时取样送检，进行了含

水率的检测，检测合格后投入使用；木材按照原形制、原构造、原工艺进行加工，并经检查符合设计和规范要求；木构件安装经检查，间距、几何尺寸等符合设计和规范要求。木材分为板材及柱梁枋等大木构件材料。本次采用干燥红松。

4. 白灰

白灰为施工的辅材材料，主要用于瓦石作灰泥的固化材料，材料使用量也很大。本次使用白灰为辽宁北票产袋白灰。材料到场后即提供质检报告，检验合格。

表1

抗压强度（兆帕）	风干均值	8.7
	浸水均值	8.5
	代表值	8.6
吸水率（%）	常温浸水 24 小时后检测结果	平均值 16.9
		最大值 17.1
冻融	冻融试验后，每块砖样不允许出现裂纹、分层、掉皮、缺棱、掉角等冻坏现象	外观无损坏
泛霜	无泛霜、轻微泛霜、中等泛霜、严重泛霜	中等泛霜

表2

	抗压强度（兆帕）	抗折强度	
平均值	9.1	平均值	3.2
最小值	8.5	最小值	2.5
吸水率（%）	常温浸水 24 小时后检测结果	平均值	15.4
		最大值	16.2
冻融	冻融试验后，每块砖样不允许出现裂纹、分层、掉皮、缺棱、掉角等冻坏现象	外观无损坏	
泛霜	无泛霜、轻微泛霜、中等泛霜、严重泛霜	中等泛霜	

五、工程洽商

施工过程中，根据实际情况，施工方需要调整或补充做法说明、材料要求以及工程量，此时应进行工程洽商。现根据工程档案整理如下：

1. 日期：2018 年 04 月 10 日

沈阳故宫文溯阁修缮工程，碑亭屋面瓦拆除后，发现雷公柱、仔角梁、由戗、盝顶橡及望板糟朽严重，需要更换。老角梁、翼角橡后尾长度不足，造成严重倾斜后尾拔榫，需采取措施进行拆安加固。碑亭、文溯阁脊件由于长时间的风雨冻胀的侵蚀，脊件风化酥碱严重，表面大面积脱釉褪色，并存在较多的冻胀裂纹，严重的脊件已经碎裂，需采取措施进行拼接、粘补、加固。

以上内容经建设单位、监理单位、设计单位、施工单位现场共同确认，具体工程内容如下：

（1）碑亭的雷公柱须更换，按照原样进行拆除、制作、安装。

（2）碑亭东北由戗须更换，按照原样进行拆除、制作、安装。东南、西南、西北三根由戗需进行拆除、剔补、安装。

（3）碑亭由戗的上段四块背板和下段四块背板，共 8 块全部更换，按照原样进行拆除、制作、安装。

（4）碑亭盝顶附加橡 48 根须全部更换，按照原样进行拆除、制作、安装。

（5）碑亭盝顶附加望板须全部更换，按照原样进行拆除、制作、安装及防虫防腐。

（6）碑亭四个仔角梁须更换，按照原样进行拆除、制作、安装。

（7）碑亭老角梁须全部拆除，进行剔补、安装、加固。

（8）碑亭四角八块枕头木须全部更换，按照实际情况进行拆除、制作、安装。

（9）碑亭圆檩拆除、嵌缝、调平、搭交榫卯粘结加固及吊装安装。

（10）碑亭、文溯阁脊件按下列情况进行处理：

①碎裂脊件需进行拼接、粘补、加固处理。

②冻胀裂纹脊件需进行加固处理。

③风化酥碱严重脊件需进行粘补、加固处理。

④为减缓脊件风化酥碱、冻胀开裂，全部脊件进行桐油钻生处理。

沈阳故宫文溯阁修缮工程，文溯阁一二屋面、碑亭屋面图纸尺寸不详，需现场进行实际测量；文溯阁垂脊、正脊、围脊、碑亭戗脊以及宝顶胎子砖基本是使用的碎瓦片和少数240红砖，按照传统工艺需使用240毫米×120毫米×60毫米手工青砖；文溯阁一层围脊只有拆除、没有安装，围脊位置，梁侧背板严重糟朽，需要进行剔补处理。

以上内容经建设单位、监理单位、设计单位、施工单位现场共同确认，具体工程内容如下：

文溯阁屋面尺寸：经建设单位、监理单位、施工单位、设计单位现场测量：文溯阁一层屋面檐长26.23米，一层坡长3.45米；二层屋面檐长26.23米，二层坡长7.15米。

碑亭屋面尺寸：经建设单位、监理单位、施工单位、设计单位现场测量：碑亭屋面檐长10.20米，坡长5.05米，戗脊长7.17米。

文溯阁垂脊、正脊、围脊、碑亭戗脊以及宝顶胎子砖：按照传统工艺要求，需使用240毫米×120毫米×60毫米手工青砖，工程量以现场实际发生为准。

文溯阁一层围脊：文溯阁一层围脊共54米需要进行拆除、安装；文溯阁一层围脊位置，梁侧背板300毫米宽×60毫米深×37000毫米长需要进行剔补、防腐处理。

碑亭屋面按照传统工艺要求，望板面满铺防滑条，铺钉30毫米×30毫米间距400毫米。

沈阳故宫文溯阁修缮工程，碑亭屋面木基层、仔角梁等构件严重糟朽，已按照原形制、原材料、原构造、原工艺进行更换，为了更好地保护新作木构件，需要进行相应的地仗、油饰；碑亭台阶石拆安归位的过程中，象眼需要进行拆砌；碑亭墙砖剔补，室内下碱墙使用的青砖是大城砖，与清单不符；各个分部分项施工前，需要对石碑、彩画、天花、地面等进行相应的保护。

以上内容经建设单位、监理单位、设计单位、施工单位现场共同确认，具体工程内容如下：

①碑亭的仔角梁照原形制、原材料、原构造、原工艺，重做一麻五灰地仗和油饰。

②碑亭的木基层照原形制、原材料、原构造、原工艺，檐部椽望、连檐、瓦口重做三道灰地仗和油饰，室内椽望重做油饰以及搭设檐部双排油活脚手架、搭设室内掏空油活脚手架。

③碑亭台阶石拆安归位的过程中，象眼需要拆除，重新砌筑象眼及里面衬墙。

④碑亭室内下碱墙为大城砖剔补，室外下碱墙、陡板墙为大停泥砖剔补。

⑤碑亭上述分部分项施工前，需要对石碑、彩画、天花、地面等进行相应的保护。

沈阳故宫文溯阁修缮工程，文溯阁室内三层部分落地罩严重损坏雕刻件缺失，需进行拆除、检修、雕刻件补配；室内三层天花变形、脱落，需整体进行拆除、检修、补配；文溯阁一层屋面木基层构件严重糟朽，已按照原形制、原材料、原构造、原工艺更换，为了更好地保护新作木构件，需要进行相应的地仗、油饰；文溯阁一、二层槛墙砖为大城砖剔补，与清单大停泥砖不符；文溯阁南北两侧台明、月台、台阶条石拆安归位，条石下部墙体需进行相应的调整。南侧月台地面砖破损90%以上，需拆除重新铺墁；北侧台明明间区域为尺七方砖地面，与尺四方砖地面不符。

以上内容经建设单位、监理单位、设计单位、施工单位现场共同确认，具体工程内容如下：

①文溯阁室内三层部分落地罩按照原形制、原材料、原构造、原工艺进行拆除、检修、雕刻生补配、安装、油饰。

②文溯阁室内三层天花按照原形制、原材料、原构造、原工艺整体进行拆除、检修、部分构件补配、安装，以及检修脚手架搭设。

③文溯阁木基层按照原形制、原材料、原构造、原工艺，檐部椽望、连檐、瓦口重做三道灰地仗和油饰，以及搭设檐部双排油活脚手架。

④文溯阁一、二槛墙砖为大城砖剔补。

⑤文溯阁台阶石拆安归位的过程中，象眼需要拆除，重新砌筑象眼及里面衬墙。

⑥文溯阁北侧台明条石拆安归位的过程中，陡板石、土衬石需相应的进行拆安归位。

⑦文溯阁北侧台明明间廊部地面砖为尺七方砖。

⑧文溯阁南侧月台条石拆安归位的过程中，陡板墙需拆除，重新砌筑。

⑨文溯阁南侧月台地面砖破损90%以上，需拆除重新铺墁，基层进行300毫米深灰土换填。

六、工程检查及验收

施工至七八月、临近尾声之时，沈阳故宫迎来旅游旺季，游客增多，为此，6月中旬，已将施工封闭区域按需进行了缩小调整。此时屋面已经完工，故先行拆防护棚及局部脚手架，并逐步清理现场。7月20日，因当时基本开展的地面恢复等工程，逐步摘除彩画及室内文物防护膜；8月15日，经业主单位沟通展陈部，清点文物、恢复陈设；8月20日，完成围挡拆除及现场清理，与负责旅游开放的社教部进行交接钥匙后，文溯阁及碑亭区域恢复开放。

1. 工程检查

2019年12月23日，省文物局邀请有关专家，对沈阳故宫文溯阁修缮工程进行了检查。经现场检查、听取有关单位汇报、查阅工程资料，专家形成如下意见：

（1）按设计方案实施的内容达到了文物建筑保护要求，整体外观质量效果良好，达到合格标准。

（2）应对屋面夹垄灰脱落部位进行查补。

（3）工程资料较为完整。应进一步规范施工日志和完善照片；细化监理资料。

（4）屋面使用防水材料应做出说明。

2. 工程验收

依据《全国重点文物保护单位文物保护工程竣工验收管理暂行办法》等要求，做好竣工初步验收和竣工验收。按照《全国重点文物保护单位文物保护工程竣工验收管理暂行办法》的要求，业主单位应在完成工程质量验收合格后，向原机关提出初步验收申请；并在初步验收合格一年后三个月内，提出验收申请。

2018年9月4日，业主单位、设计单位、监理单位和施工单位四方进行总体工程质量验收，对沈阳故宫文溯阁修缮工程（文溯阁屋面、文溯阁墙身、文溯阁台基、文溯阁木装修、碑亭屋面、碑亭墙身、碑亭台基等）进行验收。经现场验收，本次修缮符合设计要求、符合施工质量验收规范及要求，实现方案既定保护目标，四方验收合格。

2020 年 9 月 14 日，沈阳故宫完成文溯阁修缮工程并落实工程检查要求内容。沈阳故宫博物馆向沈阳市文旅局提出申请。2020 年 12 月 28 日，沈阳故宫博物馆申请辽宁省文物局组织专家对沈阳故宫文溯阁工程进行初步验收。2021 年 4 月 1 日，辽宁省文物局组织验收专家组，对沈阳故宫文溯阁修缮工程进行了省级初验，根据验收专家组的验收结论，辽宁省文物局同意该工程通过省级初验。

初步验收完成后，沈阳故宫博物馆完成初步验收相关整改意见，于 2021 年 4 月 21 日向辽宁省文物局提交文溯阁修缮工程验收申请。

2021 年 10 月 26 日，辽宁省文物局组织验收专家组，对沈阳故宫文溯阁修缮工程进行了验收。根据验收专家组的验收结论，辽宁省

文物局同意该工程通过竣工验收。具体完善意见如下：

（1）文溯阁檐部局部存在施工残留，博风板（东侧）砖未归位，勾头滴水局部夹垄灰松动。

（2）未将文溯阁屋面翻修资料纳入工程资料。

（3）对文溯阁檐部局部松动和博风板外闪进行查补、归位。

（4）应将文溯阁屋面翻修工程资料纳入工程档案，进一步补充完善各方工程资料。竣工图应对构件加固信息进一步补充。

根据专家意见，业主单位会同施工、监理单位完成工程完善工作，并将工程档案（含电子版）上报辽宁省文物局备案。

至此，沈阳故宫文溯阁保护修缮工程通过技术验收，验收合格。

第九章 工程管理与总结

一、工程特点与总结

本次对沈阳故宫清中期官式建筑——文溯阁及其附属建筑碑亭的修缮，是我院一次难得的重点修缮项目。文溯阁是皇家藏书楼，意义非凡，其建筑群作为西路建筑的主要建筑院落，壮观宏伟。而其附属建筑碑亭更是院内唯一一座"盝顶"式建筑；建筑形制特殊，用料珍贵硕大，整组建筑群珍贵的文物价值不言而喻。回顾整个项目过程，自2012年筹备立项、2014年批复立项，至2021年完成竣工验收，历经7年；施工自2018年03月03日开始，至2018年9月4日工程结束，进展顺利，在计划时间内完成。项目的各参建方共同付出了巨大的努力。工程进度完全达到预期的目标，且分别于2019年12月经工程检查、2021年完成初步验收、终验合格，项目顺利结束。

1. 结构变形处理问题

在方案勘察设计阶段的大木结构的检测时，发现文溯阁存在结构变形，这也是导致二层槛墙变形的根本原因。其根源是基础的不均匀沉降，结果是导致明间西缝处相比其他要高。所以，最早在方案批复的意见上，就要求明确对二层槛墙拆砌的处理方式；设计方经过评估，认为木结构柔性体系在一定时期内保持稳定，然而通盘考虑资金体量、文物保护最少干预的原则要求，放弃槛墙的拆砌。因为，如果要解决这个问题，单单拆砌槛墙势必是不足够的，还需要对山墙、基础、柱础等对个部位进行大规模拆砌、检修，对大木架进行调平归安，才能解决。回顾本次工程性质是修缮工程，目的是做现状整修，实现建筑"延年益寿"，去除病害的基础上，使其改善现状；开展如此大规模的修缮，得不偿失。

在实施过程中，结构变形问题在灰背苫抹的问题上反映出来，但是影响不大。在苫背过程中，灰背自东西两侧向中间苫抹，灰背则两边厚、中间薄。然而，如果随结构变形而去苫抹灰背，即使灰背整体厚度均匀的方式苫抹，未来宽瓦时导致瓦面排水不均匀，雨水流向侧偏，会导致屋面损害加剧；且外观上又将结构变形的问题凸显出来。所以，本次修缮保证了以最后成活观感为先，保持灰背层外观平整，并在分层苫抹过程中，逐层找平。

2. 新旧构件保护利用问题

新旧构件主要产生在瓦件的修补和更换、木构件的修补和更换这两方面。依据文物保护修缮原则，尽量使用原有构件，以最大限度保存历史信息。但是，在实际使用过程中，仍然面临新旧构件强度不一、面貌差距过大等问题。这些利用标准如果在方案中没有明确指出，也通常在施工过程中，按照经验进行确定。

（1）新旧瓦施用部位

本次琉璃瓦使用的是北京门头沟一琉璃制品厂生产的黄、黑、绿琉璃瓦。将新瓦和旧瓦摆放在一起之后，差异明显，因为经过筛选之后可以使用的原有的琉璃瓦件颜色，新瓦整体要浅，而且旧瓦也存在一定程度风化，整体的新旧程度，色泽这些观感都不一样。所以，新瓦和旧瓦都应该如何使用，是一个不得不面对解决的现实问题。

在以往的工作经验中，对新旧瓦施用部位主要有两种不同的处理方式。一种方式，为了要维持最后修旧如旧的形象，会把旧瓦放在主要部位的"看面"，新瓦放在隐蔽部位。但是也有人主张，修缮之后建筑面貌应该有所改观，所以就把新瓦放在"看面"上，把旧瓦放在隐蔽部位。这是因为，建筑的"看面"和隐蔽部位，一般指的是建筑的南坡和北坡，或者是东坡和西坡，这样的对应两组部位之间，局部环境条件差异很大：东侧、南侧普遍温暖干燥；西侧、北侧经常阴暗潮湿，所以在建筑残损的规律上，也是北侧破坏速度和程度，往往要甚于南侧，耐久程度亦为如此。

文溯阁是硬山式建筑，坐南朝北，只有南

北两坡；而且经查看，旧瓦釉面和胎体都较为完整，与新补配瓦件差别不大，所以无需限制。但是，碑亭作为盝顶式攒尖建筑，屋面共分为四个面，其中东侧和南侧是这个建筑的主要看面；西坡和北坡，恰巧与文溯阁距离很近，而且在沈阳故宫院落院内正常参观的情况下视线被遮挡；再者，碑亭脊件和宝顶也为原物，有一定程度的风化，为了保持整体观感的协调，所以就将旧瓦放在条件较好的东部和南部，新瓦放在条件稍微不利的北坡和西坡。

经过以上原则进行调整利用，既充分利用了原有构件，坚持了文物修缮所需要的充分利旧的原则，又改善了修缮后建筑的整体外观，同时还能提高耐久性。

（2）构件的加固

本工程涉及多种类型、材质的构件的加固，包括琉璃、木材、石构件等。普遍来说，本次修缮工程对构件的加固方式，依照传统工艺及材料进行加固补强。

①原工艺加固木构件。原方案里对木构件的加固方式提出有环氧树脂加固、传统工艺的挖补及包镶做法。但是在本次修缮过程中，坚持采用传统的修补工艺进行了加固。本次修缮工程里木构件残损所面临的病害为糟朽，朽烂的程度并不均匀，内部残损形状并不规则，如果采用环氧树脂加固，加固后的木构件的强度也并不均匀，难以评估其受力特点；而且不同材质之间的老化速度也不一样，很难预估修复后构件的耐久程度。所以，本次采用剔补、挖补、包镶等传统工艺，对大木构件进行了修复。

②琉璃脊件保护整修。琉璃的保护整修采用了传统"扒锔子"方式进行加固；已经断裂的，对裂缝采用云石胶进行粘补加固。文溯阁和碑亭的琉璃脊件，是沈阳故宫建筑琉璃脊件中最为特殊的。相比于清代其他宫廷建筑的琉

璃脊件，他们分别为胎塑的海水江崖和卷草花纹，具有极为独特的艺术价值。通过对胎体、花纹形式及风化状态判断，垂脊应为清代原物，具有较高的文物价值；且未发生严重缺失，经粘接后可复原。所以，在后期经过认真补配和拼装之后，重新修复完整。

经过现场勘察，这两座建筑的琉璃脊件的保存程度基本完好，经过保护加固后，又继续恢复使用。本次对有较大裂缝的琉璃构件进行了扒铜和加固。对拆卸下来的构件有裂隙的，对其中的裂隙、碎裂的部分采用扒铜子、粘补等修复措施；釉面风化严重、胎体暴露的构件表面，采取桐油钻生，对表面进行封护加固。

3. 恢复原貌的依据问题

古建筑因为在历史上经过多次维修，受当时的经济条件、物质条件等限制，在维修时采取了一些折中的处理办法，即有违原形制、原材料的要求修复，导致了文物信息失真。但是在后期的维修中，在条件充裕、依据充分的情况下，应该对一些错乱的历史信息进行调整恢复。本次修缮对碑亭垂脊脊筒的顺序进行了调整。这是对文物信息以及历史价值的保留以及恢复的一大贡献，颇有纪念意义。

碑亭的盝顶式屋面，相比于普通的攒尖屋顶，一条向内缓和弯曲的曲线，盝顶屋面在宝顶附近先稍有隆起后，向下弯曲，呈现一个缓和的"S"形。故四条垂脊的脊件，也因位置不同，而各有曲线；同时，各个垂脊表面均有卷草花纹，各个构件之间的花纹连续。屋脊拆除过程中，也发现各个构件隐蔽部位均有编号，就是各个琉璃脊件的顺序；而且编号都是在烧制之前，泥坯状态下划写于胎身之上。

在前期勘察阶段发现，东南角角梁垂脊有一节隆起，呈下垂姿态，导致西南角的垂体在

外观上不甚和谐。垂脊脊筒为卷草花纹，且部分垂脊构件风化极其严重；拆卸后立即碎成若干碎块。在对垂脊构件拼复过程中，发现原有垂脊花纹是一个通联的卷草纹饰，图案连续；而原来看似下垂的部位垂脊脊筒，花纹却断了。后来，随着其他几条垂脊逐渐落地，我们对其他垂脊脊筒的花纹进行辨识、确认和比对，终于发现原来东南垂脊脊筒的顺序，在上一次的维修时不知为何，发生了调换。本次也予以调整回正确顺序，在一定程度上恢复了它原有的面貌，从而保证了其文物价值。

这次对构件的归位，对错误历史信息得以纠正和恢复，并且在一定程度上让我们了解了盝顶屋面这个特殊屋面构件的做法和工艺特征，对提升关于当时设计、建造的认识，补全碑亭营建的工艺有重要意义。

4. 解决不可预见及造价管理问题

俗话讲"修缮修缮，拆开再看"。我们经常能看到建筑在外观上发生了劣化，并且知道这些病害在日益发展过程中会对建筑产生不利影响。所以，需要人为的干预对建筑整修，清理建筑上存在的问题。也就是说，修缮，更像在对建筑"治病"。在修缮过程当中，经常会在隐蔽部位内发现若干不可预见内容。究其原因，多为现场勘察阶段不具备勘察条件，也有基础研究不足导致的。

（1）盝顶内部构造的发现

比如盝顶的内部构造问题，在屋面望板逐层揭顶过程当中，在第一层望板下面发现了盝顶椽的构造。在过去，基础勘察受客观条件限制，长期以来，认为盝顶头停部位的隆起，是将灰背的高度增加了三倍左右的厚度形成的，在方案中也采用了这种结论。因为在前期测绘时，是不可能将屋面揭取后，观察到所有内部

情况后再进行绘制。

本次工程揭示了文溯阁碑亭盝顶的真实结构。在完成碑亭灰背揭取、头停望板拆卸后，发现了"盝顶椽"的构造：盝顶的造型，就是在普通攒尖建筑上，附加一层圆弧形的方木垫起，形成盝顶的上隆的圆弧形状；并在这层方木上再行铺施望板，即成"盝顶"。看到了盝顶椽之后，相比于灰背加厚的做法，盝顶椽显然是一种更为科学、合理的构造方式：它能够在准确地作出屋面形制的同时，有效地减轻荷载。同时，经过了解，盝顶在山西地区一部分攒尖建筑屋顶也有出现，这就说明工艺也是有序传承的，只是我们缺乏相关知识的积累，导致了并不能理解这一部位的构造做法。这也是基础研究欠缺所导致的。

相应的，从"三倍厚的灰背"到"木望板及盝顶椽"的构造做法的变化，在工程管理上亦随之而来发生变化：它影响了工程做法以及工程量子项内容。故本次盝顶的构造发现的同时，施工单位立即会同监理及业主单位现场共同确认，并在工程洽商里予以确认。

（2）一层围脊内侧背板糟朽

揭取一层围脊后，发现围脊的内侧，梁外侧的背板糟朽严重。本次也采取了更换处理。这是因为：其一，在勘察阶段，并未探明构造；其二，并不清楚内里已经糟朽。所以，在方案编制和造价编制方面，是无法对此处做出提前的预判的。只有在后来的实施过程当中实际接触之后，才能明确这里的做法。这也是会发生工程洽商和变更的一个原因。

尽管缺乏基本的研究资料能够明确内部真实做法，也缺乏能够将建筑"解剖"后实际勘察至所需维修深度的实际条件，甚至建筑在日渐损坏中，却达到了一种微妙的平衡，导致问题并不凸显；比如，槛墙和西侧的券门砖，虽

有明显沉降变形，在结构上却已经达成了稳定。

（3）新制木构件油饰

实际维修措施的具体分析。在本次维修过程前方案批复的过程当中就已经明确要求，不做油饰彩画。但是实际维修过程当中，这些木基层的构件进行更换之后，表面只有留的木头的白茬，这极不利于木构件防潮防腐。所以，经过协商，对这批新更换的木构件新作地仗油饰；但是椽头、飞头等部位，尊重了方案意见，未进行彩绘重绘。

（4）实施阶段的造价管理工作

工程实施内容都伴随着工程量的发生，也就是说，如果工程内容发生了变化，工程量也必然发生变化，此时一定要将工程量及其造价文件及时对应、补充，从而评估本次工程内容发生的合理性。对于这些修缮工作，需要监理施工业主单位共同现场确认、评估，再做相应的决策。但是这些洽商往往伴随着一些工程量的变更及变化，这也就导致了工程造价的变化；尤其如果超出概算，项目将面临无法结算的问题。所以这要求相关各方，一方面要积极对现场洽商签证工程量做好确认，再者要具备一定的基本经验，能够快速、准确评估目前造价发生情况，从而科学合理的开展工程洽商及签证工作。

5. 施工不利条件的解决

本次施工是在沈阳市内地段繁华、国内有较高知名度的沈阳故宫建筑群内施工。沈阳故宫作为全国重点文物保护单位、国家一级博物馆以及 4A 级旅游景区，存在场地狭窄、文物密集、季节性游客旅游管理问题等。为保证工程顺利开展，在前期工程总体部署时，首先要充分发挥主观能动性，通过科学的组织管理、开展因地制宜施工措施、严格安全文明施工管

理等几个方面做好现场管理。再次，从根本修缮原则出发，深入解读技术文件把握本次修缮目标，充分调研现场情况，梳理重难点分项，从而有的放矢解决问题；施工时，强化劳动纪律，保证施工安全顺利开展；再通过各方积极配合，充分化解施工不利条件。

6. 科学的组织管理

本次工程人员配备优良、管理制度完善、资金管理到位、工序有序衔接、安全管理严格，先开会以达成共识；在实施阶段，业主及监理单位及时配合施工方到场确认及验收。工程开工时值 2018 年 3 月，国家文物局颁布《关于印发〈古建筑修缮项目施工规程（试行）〉的通知》（文物规字〔2018〕2 号），为该项目提供了清晰的施工程序保障。该文件目的在于加强文保修缮工程的事中事后监管，促进文物保护工程管理制度和相关标准规范建设，我院自此依据该文件执行工程管理有关程序及要求，并按后附表格格式进行档案编制。

依据文物保护工程现场施工需要，本次文溯阁修缮工程开工准备分为现场布置以及技术准备两方面。现场布置主要是业主单位充分考虑施工期与旅游开放关系，完成施工区域封闭开放的划定；技术准备为各参建方对施工内容以及前期方案等技术文件内容深度进行熟悉以及复核，以便及时筹备各项工程开展方式，保证工程顺利开展；其中，各方共同配合，完成图纸会审组织现场复核、图纸会审、设计交底，编制施工阶段的施工组织设计和专项施工技术方案，完成施工现场布置和技术、材料、机具准备，使工程具备顺利实施各项条件。在程序、资金管理之外，古建部加强对现场文物、物料、周边环境、施工规范、技术指标、人员、用电安全等各方面的管理，以保障工程的质量、进度与安全。

做好图纸会审及设计交底。图纸会审是古建筑修缮的关键程序之一。通过图纸会审，业主单位、施工单位和监理三方对于工程维修方案认真细化、理解并按照相关工序要求及组织制度加以规范执行，明确文物保护修缮施工目标及具体内容；对于工程中出现的问题，内容上通过认定，技术上通过协商，程序上按照规定予以合理适度的解决，以期有效、规范、安全地完成古建筑修缮工作。

技术交底会议主要于项目实施前及各分项工程、工序前进行，通过历次技术交底会议，建设单位能够就项目的安全施工、文明施工、规范施工，具有较强的全局和分项的控制把握能力，发现问题及时解决，使项目施工始终都在建设单位的组织、监管之下，保证古建筑修缮工程的施工安全和质量。在文溯阁和碑亭的修缮过程中，建设单位就屋面、墙面、地面、等施工内容，涉及琉璃构件拆除、清理、编号、堆放、修补、补配；翼角、望板、连檐等木构材料的扭度、破解、安装；宽瓦时打线确定标准；苫背技术要求；施工脚手架的搭设；以及景区中施工和物料运输对技术工人的安全、文明培训等一系列问题，多次组织施工单位、监理公司认真研究、深化，要求参与各方各负其责，严格执行。每次技术交底会议，建设单位在各方明确施工内容和施工要求后，各级负责人无异议后签字、盖章、存档。

在施工过程中，认真进行自检、互检、交接检，在"三检"合格基础上进行专职检，专职检合格后再报监理进行验收；加强隐蔽验收、完善施工记录；加强工序控制，上道工序未验收或验收不合格不得进入下道工序的施工。

在每次隐蔽工程验收前，对该步骤的工程量予以现场复核。作为建设单位的沈阳故宫博物院高度重视，院领导同古建部成熟业务人员参与文溯阁工程现场管理，成立了现场管理、古建部负责人和院领导的三级管理机制，深入施工现场，并联合监理单位、施工单位一起，对揭露出的古建筑各部位逐一核定病害类型、损坏程度，认定工程量，合理确定施工方法。有关人员和单位项目负责人确认签字、拍照、存档。由于准备工作充分，施工现场隐蔽工程的管理科学，沈阳故宫文溯阁修缮工程项目中尽管设计内容比较繁多，情况也比较繁杂，总体上进展非常顺利，项目变更额度也得到了有效控制。

7. 因地制宜的施工措施

制定季节性施工方案。时刻关注天气状况，以便调整施工计划，减少天气影响。开工早期至清明期间，沈阳地区气温波动较大，在零度上下波动，北方冷空气与南方暖湿气流交汇，常发生雨雪甚至冰雪冻害天气。对此，要求雪停后，及时清理积雪、冰棱；对本次施工计划内防护棚做好骨架加固，保证承受相应雨雪风荷载；地面冻胀消融后及时检查脚手架稳固；积极关注天气预报，做好防范应对措施，合理安排工期，如遇大风天停止作业。古建部项目负责人员在保证工程施工质量的前提下，协调施工单位、监理控制现场施工进度。如有延后，则应根据实际情况进行调整，以达到预期工期要求。

场地狭窄问题。由于沈阳故宫内古建筑群群落密集，清中期时建筑院落更为封闭，很多随墙门洞尺寸狭窄，大型机械无法到达现场施工。但是，沈阳故宫同时又具有很多天然优势，比如周围繁华，交通较为便利，周围还有一些可利用的建筑条件。所以，实施前应勘察场地条件，对地表水文、植被、建筑、现场文物等

条件进行统计和规划，再在场地布置上精心筹措，从而克服运输场地狭小、物料运输不便等困难。

在脚手架基础上，依斜屋面搭设屋面防护棚，降低施工期间风、雨等不利天气对工程质量的干扰。施工期自当年3月开始，至9月结束，时间覆盖沈阳大风春季及雨水的夏季；搭设保护棚一定程度上降低大风、强降水等恶劣天气条件的影响，保证了工程顺利开展，尽量减少不良天气造成的停工以及成品保护能力，保护工程质量，同时有效地避免了工期受天气等客观因素造成的拖延。从而克服了运输场地狭小、物料运输不便等困难，充分考虑施工场地条件以及天气场地情况，在修缮过程中总体坚持了文物建筑修缮的原则。

9. 严格安全文明施工管理

对施工现场残土，尤其是易燃品做到日产日清；对不同工序使用材料心中有数，如大木构件复制阶段，在料场加工产生木屑，做好日常清洁；油饰施工期间，对油漆材料做到"料随人走，人走料清"，坚决杜绝易燃品留在施工现场。

部分采用电动工具现场作业，如青砖打磨、灰背拆除等工作，在过程中注意事项：注意扬尘防止，及时洒水；注意电动用具温度，避免过热引发火灾。

坚持现场安全巡视：4月28日大雨，发现文溯阁西北角地面雨后塌陷。施工方及时与古建部联系，经查原因为短时暴雨，雨水量大，砂土流失严重。按要求，先行于500毫米深三七灰土夯填，再进行地面恢复。

10. 对文物修缮原则的再理解

该工程贯彻落实"保护为主，抢救第一，

合理利用，加强管理"的文物工作方针，本着保护文物完整性、真实性、延续性的文物保护原则，从"最少干预""不改变原状"基本修缮原则出发。本篇从落实不改变原状的原材料及原工艺两个方面进行分析。

（1）原材料

原材料是指充分利用原有可用构件。这是因为，文物修缮的重要目标之一，是消除影响文物本体保存和文物价值的隐患，保证结构益寿延年，而非"焕然一新"，更不能"将错就错"。修缮材料的"原材料"，目前的做法有两种实现方法：一方面是尽量使用旧有的原件；另一方面，也是选择符合原始生产工艺的"原材料"。

重点对琉璃构件进行了修补，使其满足强度后再次恢复利用，有效保证了修缮后的外观，保证了历史信息的有效恢复。

（2）原工艺

①有效保证修缮后符合文物建筑观感。琉璃瓦选用的是国内北方地区或业内较高认可的北京门头沟某琉璃瓦厂的瓦件，即手工制坯、原工艺烧制琉璃瓦为修缮材料。本次碑亭修缮的琉璃瓦，最后在整体铺装完成后，颜色金黄，且呈现颜色一头略深、一头略浅的"竹节"式颜色，瓦面整体感官效果较好。"竹节"琉璃瓦的形成，是因其在挂釉二次烧制的过程中，为了节约窑内空间，在窑内倾斜摆放，琉璃釉在高温熔融状态下自然向下流淌，在出窑成品上就呈现出一头略深、一头略浅的瓦件色泽。这种形式，这也正是证明瓦件烧制符合传统材料使用要求。

②有效保证历史信息文物本体有效传承。本次进行北侧台基修缮过程中，对金刚墙进行拆砌。发现金刚墙使用水泥砌筑，所以原材料全部不可使用，故全部予以更换，确实令人惋惜。古建筑的墙体传统工艺做法，为青砖砌筑，

白灰灌浆加固；在经历时间老化后，白灰强度降低，修缮时可将青砖清理干净再次使用，实现了原有材料的再次利用，也降低原料生产和废物处理等多个环节产生的损耗。在过去，生产能力不足，砖瓦都需要在定点的炉窑里烧制，再经精心装载，运送至施工地点，耗费相当多的人力物力，所以使用时也倍加珍惜，能够利用则充分利用；至其成为文物保护对象，出于对历史信息的保护，也提倡对原有材料的使用。然而，采用水泥砂浆这种现代材料砌筑，在当时砌筑完成后，强度的确令人满意，但是在后代修缮时，这种高强度粘接材料也牢固地粘在原有材料上，无法清理，强行清理只会破坏主要材料构件，所以只能放弃全部材料，作为残土排清。故遵循传统工艺及传统材料的使用，是保障文物信息保留价值延续的重要前提。

③有效保证工作效率及质量。原工艺是长期总结出的优秀经验。经过调查了解，本次宽瓦施工队伍为锦州黑山地区的工人。锦州位于辽宁中西部，历史上属于重要城镇，有很多重要建筑。这些工人在宽瓦时采用"拉盒子"的施工工艺。"盒子"是一个长方形的木框，可在现场依照所宽屋面瓦样大小临时加工定制。"拉盒子"保证坐垄灰底泥饱满，边缘整齐，在铺装筒瓦时，极大提高施工效率及质量，工人甚至"不拉盒子不会干活"。

所以，从文物保护目的出发，使用原材料、原工艺做法，能够充分保证历史信息有效传承，也是充分降低总体能耗的、更为环保的做法。

二、回顾与反思

除了本次工程顺利开展获得的成功经验以外，本次工程期间发生的若干问题，仍然值得文物保护修缮工作者的进一步思考，以期对未来工作有更好的指导。

1. 优化方案编制及程序管理

项目立项名称为《沈阳故宫文溯阁修缮工程》，但是实际工程范围是文溯阁及碑亭两座建筑单体。而且其中碑亭病害问题之危险、维修程度之深，更是大于文溯阁修缮内容：将宝顶、雷公柱、四根仔角梁及由戗全部拆卸，或复制更换、或对构件进行了加固；在恢复安装时，又在各个构件之间尾部增加扁铁，捆绑加固。究其原因，应是碑亭本身作为文溯阁附属建筑而存在，故其存在感相对较低；且"碑亭"名称之意，也是主意在碑，而"亭"是配套设施。所以，对项目如此命名，实际上弱化了修缮重点关注内容，容易造成一些误导。在将来的修缮工程申报时，更要突出工程主要维修内容。

完善目标及原则的把握。方案给出了基本的修缮目标，但是对于部分细节，诸如新旧瓦的使用部位等，却没有明确给出；这部分内容通常在施工阶段，以传统施工经验进行商议确定。并且，在批复意见回复后，对方案进行的是补充设计，而并没有对原方案进行修改，导致补充方案与原方案内容存在一定的冲突。所以，辽宁省文物局于2018年，对这一工作环节进行了优化，即最后只形成一本方案文本，对国家文物局形成的审批意见进行答复与修改，并整合至原方案中。

项目实施周期过长。在项目正式申报之前，在等待项目启动之前，病害都会进一步发展。所以，在修缮过程中，往往是实际施工阶段，才能够真正地明确实际内部的维修深度；这极有可能导致原有方案失去施工指导意义，并且造成工程造价方面的管理困难，按照目前通行要求，变更工程总造价超出原有概算的10%，就不予结算，项目无法收尾。

2. 加强基础资料研究及挖掘

在对文溯阁北侧廊步地面揭墁时，发现底层铺墁为城砖。因当时无明确历史依据，能够说明北侧廊步地面原形制究竟是何种做法，所以仍然按照本次方案勘察的现状，即尺四方砖进行恢复。然而，在后来偶然一次翻阅《奉天宫殿建筑图集》时，发现该资料对文溯阁北侧廊步地面绘制的即为城砖铺墁。这说明，在后期的某一次维修中，改变了地面铺墁的材料及形制。遗憾的是当时工程已经完工，所以也并没有主张将北侧廊步地面按照资料内图示进行恢复。这次发现，提示我们应该进一步重视基础资料的研究与挖掘，对恢复历史面貌、以期对历史原貌及遗产价值准确评估。

3. 修缮材料匮乏

受目前制度环境的影响，资金绩效评估等要求，文物修缮施工基本需要贴近现代施工工程节奏开展，这就需要材料生产具备一定的工业化及商品化水平，基本要求是来源丰富，符合现代检验标准即可。然而依传统工艺生产的材料，生产周期长，而且商品化程度相对较低，还可能价格相对昂贵。比如木材，如为传统工艺制材，是需要在当地的自然环境的天然流动水体里浸泡完成换浆；但这种工艺制材的方法耗时约需 2 ～ 3 年甚至更久，无法满足现在的修缮施工进度要求；而且由于目前木材市场的供需关系，市面上也很难去寻找若干年前就已经备下成材的料。回顾我院在 20 世纪 80 年代进行的崇谟阁落架工程，工程在 1977 年左右即已谋划启动，在 1981 年先行向国家林业局申请于大兴安岭寻觅可用木料。此举也保证整体结构在 1986 年正式落成。目前，在多重环境要求下，文物修缮按照建设工程方式实施，材料也通常选择普通的商品化木材，同时也是利用现代工艺、如气干法干燥的木材；木材也多为进口松木，树种、性能均与原材料存在一定差异。

材料缺乏检测依据。目前古建筑使用的琉璃瓦件，在执行抽样送检时，只能使用《烧结瓦》这一标准进行检测。一方面，建筑材料检测机构库中缺乏古建筑瓦件检测标准；同时，古建筑形式多样，目前仅有明清官式建筑，因建筑遗迹较多，并且官式建筑因其规制程式化较高，有形成标准的基础条件；而其他类型建筑使用的材料标准只能通过经验及方案要求进行约束；而这其中可供提出的标准和要求极为模糊，以目前建筑行业标准来衡量，几乎不具有参考价值。

传统材料生产厂家数量萎缩，材料来源缺乏保障。沈阳故宫在有清一代曾经使用海城析木镇的黄瓦窑生产的琉璃瓦件。然而在清晚期，也因财力不足、家族晚辈无人继承，停止了生产。因琉璃瓦生产需要取土、练泥、烧窑，这些工艺都会产生大量的烟尘，目前很多琉璃瓦厂因环保要求而被勒令停产。很多传统工艺加工的材料，因其价格昂贵、且缺乏市场，已经很少有厂家再去生产，导致坚持传统工艺的厂家萎缩极其严重，甚至难以满足采购所需询价数量。与此同时，仿古材料因其价格低廉迅速占领市场，导致古建砖瓦材料市场鱼龙混杂，优质材料更为难得。

资金重复评审压缩材料价格。由于厂家数量的萎缩，材料价格也水涨船高。并且在资金管理要求上，国家文物保护专项资金在经过国家文物局及其第三方评审后，在采购前，一些省份仍需要由地方财政进行一轮评审。在地方财政询价中，往往以地方材料价格水平予以询价，部分特殊材料如砖、瓦等特殊材料价格经常遭遇大幅削减，整体造价缩水严重，与国家文物局批复的预算控制价也相去甚远。这种情况对业主单位资金管理也造成相当大的阻碍，无法有效执行资金支出。近几年，地方财政评审逐渐取消，情况有所好转。

4. 未来保护工作的开展

（1）部分建筑的病害原因探析

　　配套设施等其他工程导致土层扰动。作为博物馆以及景区向游客开放，增加设施设备施工而导致的破坏。本次修缮北侧台基时，发现西次间台基及金刚墙明显外闪，而外闪的方向及位置有一口井，这口井是近代为添加某保护设施而增设的，为了保证管线顺利拉入室内，井口紧贴台基土衬石边缘，这直接导致了地基土层持力失稳，台明石构件逐渐向受力薄弱部位偏移走闪，导致台基歪闪。这个发现提示古建筑的保护工作者，在未来要做好工作沟通协调，在做其他配套服务设施改增建时，注意对方的施工点位选取，避免对古建筑本体造成扰动。

（2）持续开展遗产监测

　　东北属于寒冷地带，经过长期的监测以及对现象的总结，冬季低温产生的冰雪冻胀是导致琉璃及砖石构件刚性破坏的主要原因之一；屋面瓦作的防水构造破坏，是导致屋面渗漏，进而发生木结构糟朽、变形的主要原因。

　　本次工程缘起，就是在遗产监测基础上，对文溯阁建筑发生的劣化病害进行跟踪、总结以及分析得出的结论，并且其监测结论有效支撑了项目申报及方案编制。在未来保护工作中，要进一步依托监测结果，加强对目前已知的木构架变形监测。我院在后续实施的古建结构变形监测中，在首轮开展的仅三座建筑中，将文溯阁纳入了结构变形监测的范围。此外，尚须继续坚持古建筑变化的日常巡视及维护，对瓦面及夹垄灰等部位重点关注，及时开展保养，将病害"防患于未然"，实现保护工作的"最少干预"。

后记

　　我们常用"画龙点睛"来突出一件事物的作用和重要性，文溯阁于沈阳故宫即是如此。作为沈阳故宫的重要组成部分，文溯阁承载着深厚的历史文化底蕴。可以说，它是一个多维度的文化实体，对沈阳故宫、对社会乃至对国家都有不可替代的价值！所以，文溯阁修缮工程自启动之初，就承载了重大的文化责任和社会责任。

　　申遗成功后，我们持续对沈阳故宫的古建筑进行监测。至2008年，发现夹垄灰脱落、屋面生草、局部渗漏等病害不断加剧，随后我院组织开展勘察、申报立项工作，最终通过，获得国家文物局的支持，就此，我们持续推进这项国家专项工程。

　　根据批复，沈阳故宫文溯阁修缮工程性质为修缮工程，工程于2018年开工实施，当年竣工。施工中，有幸目睹了这两座重要建筑内部的真实结构以及损毁特征，从碑亭雷公柱的使用、盝顶的附加盝顶椽及望板构造，让我们对古建的用材和屋顶形态构造方面有了新的认识，也解开了困扰沈阳故宫古建筑业务人员多年的疑惑。

　　随着文溯阁修缮工程的圆满完成，我们深刻感觉到有必要对这次修缮工程的过程、成果和发现进行回顾，如实记录工程始末，以方案、档案、照片、图纸等形式全方位反映工程的概况和细节，并总结做法、经验，为后续修缮工作提供可资借鉴的线索，推动沈阳故宫博物院文物保护修缮工作的提升。

　　《沈阳故宫文溯阁修缮工程报告》编纂工作始于 2021 年，集合了相关研究者、工程参与者等多人为班底，原沈阳故宫博物馆馆长李声能提出构想，副院长于明霞统筹推进，对整个过程给予了重点指导，与李建华、刘巧辰负责了报告大纲的构建与更改，并参与编写、编辑工作，蔡琳、尚文举、温淑萍、王作、庄策、李大鹏、鞠佳君、陶奕名、祁天智均承担了本报告的编写及档案资料、照片整理等工作。辽宁省文物保护中心提供相关图纸，沈阳故宫古建筑有限公司提供施工档案中照片、图纸以及相关记录。辽宁科技出版社杜丙旭、沈子臣给予大力支持，在此一并感谢。

　　由于编者能力有限，疏漏之处在所难免，我们期待听到大家对本工程报告的反馈和建议，帮助我们走向更高的水准，更愿后来者也能从这些宝贵的文化遗产中汲取智慧与力量，续写更加辉煌的篇章！

2023 年 6 月于沈阳故宫

附录 A

沈阳故宫文溯阁修缮程序文件

工程文件

（一）《关于沈阳故宫文溯阁修缮工程立项的批复》

（二）《关于沈阳故宫文溯阁修缮工程方案的批复》

（三）《关于〈沈阳故宫文溯阁修缮工程补充方案〉核准意见的通知》

（四）《〈沈阳故宫文溯阁修缮工程补充方案〉专家论证纪要》

（五）《沈阳故宫文溯阁修缮工程检查专家意见》

（六）《关于沈阳故宫文溯阁修缮工程省级初验的意见》

（七）《关于沈阳故宫文溯阁修缮工程竣工验收的意见》

国 家 文 物 局

文物保函〔2014〕1819号

关于沈阳故宫文溯阁修缮工程立项的批复

辽宁省文物局：

你局《关于上报沈阳故宫文溯阁修缮工程立项报告的请示》（辽文物〔2014〕35号）收悉。经研究，我局批复如下：

一、同意沈阳故宫文溯阁修缮工程立项。

二、在编制工程技术方案时，应注意以下方面：

（一）工程性质为修缮工程。

（二）工程范围为沈阳故宫文溯阁建筑本体。

（三）深化文物现状勘察，明确各类病害的分布位置、范围、产生原因、威胁程度和发展情况，研究传统形制、做法、工艺和材料要求，制定有针对性的保护措施，科学编制实施计划。

（四）修缮工程应以"不改变文物原状"和"最小干预"为原则，尽可能保留、使用原有构件，最大程度地保留历史信息，确保遗产的突出普遍价值、真实性和完整性。

（五）补充文溯阁监测工作的相关设计。

-1-

三、请你局根据上述意见和《文物保护工程设计文件编制深度要求（试行）》，组织具有相应资质的专业单位编制工程技术方案，由你局初审同意后，报我局审批。

四、如需申请国家重点文物保护专项补助资金，请在工程技术方案批复后，按照预算编制的相关规范要求，编制工程预算按程序报批。

此复。

国家文物局
2014 年 6 月 6 日

公开形式：主动公开

抄送：中国文物信息咨询中心，本局办公室预算处。

国家文物局办公室秘书处　　　　　　　　2014 年 6 月 9 日印发

初校：牛畅　　　　终校：邵军

关于沈阳故宫文溯阁修缮工程方案的批复

文物保函〔2015〕2839号

辽宁省文物局：

你局《关于上报沈阳故宫文溯阁修缮工程方案的请示》（辽文物〔2015〕36号）收悉。经研究，我局批复如下：

一、原则同意所报沈阳故宫文溯阁修缮工程方案。

二、对该方案提出以下修改意见：

（一）深化现状勘察，补充整体结构的安全评估，严格控制干预范围和程度。补充望板、椽子等部位的残损量，进一步明确工程量，并在图纸中进行标注。

（二）查找、分析文溯阁上层槛墙歪闪原因，拟定科学、有针对性的保护措施，而不只是简单拆砌。

（三）进一步明确保护措施的具体做法和要求，如核实内外墙面是否为砂灰打底的非传统做法；屋面翻修时应进一步核实苫背做法；室内天花做法应补充糊纸具体做法要求等。

（四）进一步深化油饰彩画的现状勘察，评估其保护状况，并根据评估结论拟定专项方案，按程序另行报批。

（五）按《古建筑保养维护操作规程》，加强对文溯阁的保养维护工作，拟定保养维护工作计划，确定保养维护工作的实施、监督和检查的机构。

三、请你局指导有关单位，根据上述意见对所报方案进行修改、完善，经你局核准后实施。请加强施工监管，确保工程质量和文物、人员安全。

此复。

国家文物局

2015年06月26日

辽宁省文物局文件

辽文物发〔2016〕193号

关于《沈阳故宫文溯阁修缮工程补充方案》核准意见的通知

沈阳市文物局：

你局《关于上报〈沈阳故宫文溯阁修缮工程补充方案〉的请示》（沈文物〔2016〕33号）收悉。根据国家文物局的批复要求，经论证、研究，现将核准意见通知如下：

一、原则同意补充方案。

二、对该补充设计提出以下意见：

（一）根据批复意见，调整详细的工程量清单。

（二）施工中设计单位要随时进行跟踪，并根据现场情况，完善设计。

方案编制单位应根据上述意见对方案进行完善，尽快送工程

-1-

业主单位实施下步工作。

　　三、工程必须严格按照国家文物局批复要求和补充、完善后的方案实施。

　　四、工程必须按照《中华人民共和国文物保护法实施条例》第十五条、《文物保护工程施工资质管理办法（试行）》第二十条等有关规定进行施工招投标，竞标单位必须具备文物保护工程相应资质。

　　五、工程必须按照《文物保护工程监理资质管理办法（试行）》第十九条等有关规定实施工程监理，监理单位必须具备文物保护工程相应资质。

　　六、工程开工前，须由业主单位会同设计单位、施工单位和监理单位进行施工技术交底。施工过程中，如需变更已批准的工程项目或方案设计中的重要内容，必须履行相应的报批程序。

　　七、请你局根据《中华人民共和国文物保护法》等有关规定，做好工程实施中的监督和管理工作，确保工程质量和文物、人员安全。

　　特此通知。

　　附件：《沈阳故宫文物溯阁修缮工程补充方案》专家论证纪要

辽宁省文物局

2016 年 11 月 14 日

抄送：　辽宁省文物保护中心

辽宁省文物局　　　　　　　　　　2016 年 11 月 14 日印发

《沈阳故宫文溯阁修缮工程补充方案》专家论证纪要

2016年11月11日，省文物局组织省文物保护工程专家库有关专家，对《沈阳故宫文溯阁修缮工程补充方案》进行了论证。经现场察看和听取有关单位情况汇报，专家认为补充设计原则可行。同时，提出如下补充意见：

一、根据批复意见，调整详细的工程量清单

二、施工中设计单位要随时进行跟踪，并根据现场情况，完善设计。

参加论证专家：

二〇一六年十一月十一日

沈阳故宫文溯阁修缮工程检查专家意见

  2019 年 12 月 23 日，省文物局邀请有关专家，对沈阳故宫文溯阁修缮工程进行了检查。经现场检查、听取有关单位情况汇报、查阅工程资料，专家形成意见如下：

  1、按设计方案实施的内容达到了文物建筑保护要求，整体外观质量效果良好，达到合格标准。

  2、应对屋面夹垄灰脱落部位进行查补。

  3、工程资料较为完整。应进一步规范施工日志和完善照片；细化监理资料。

  4、屋面使用防水卷材不符合方案设计和原做法要求，应进行整改或做出说明。

  参加检查专家：

2019 年 12 月 23 日

辽宁省文物局文件

辽文物发〔2021〕47号

关于沈阳故宫文溯阁修缮工程省级初验的意见

沈阳市文物局：

你局《沈阳市文物局关于上报沈阳故宫文溯阁修缮工程初验的请示》（沈文物〔2021〕10号）收悉。按照《全国重点文物保护单位文物保护工程竣工验收管理暂行办法》的有关要求，我局组织验收专家组，对沈阳故宫文溯阁修缮工程进行了省级初验。根据验收专家组的验收结论，经研究，我局同意该工程通过省级初验。后续工程设计、施工、监理各方应进一步补充完善施工日志、竣工图纸等档案资料。

请你局督促、指导工程业主单位尽快完成工程完善工作，及时提请竣工验收。

辽宁省文物局

2021 年 4 月 1 日

（此件依申请公开）

辽宁省文物局文件

辽文物发〔2021〕223号

关于沈阳故宫文溯阁修缮工程竣工验收的意见

沈阳市文物局：

你局《关于沈阳故宫文溯阁修缮工程申请验收的请示》（沈文物〔2021〕86号）收悉。按照《全国重点文物保护单位文物保护工程竣工验收管理暂行办法》的有关要求，我局组织验收专家组，对沈阳故宫文溯阁修缮工程进行了验收。根据验收专家组的验收结论，经研究，我局同意该工程通过竣工验收。具体完善意见如下：

一、文溯阁檐部局部存在施工残留，博风板（东侧）未砖归位，勾头滴水局部夹垄灰松动。

二、未将文溯阁屋面翻修资料纳入工程资料。

三、对文溯阁檐部局部松动和博风板外闪进行查补、归位。

四、应将文溯阁屋面翻修工程资料纳入工程档案，进一步补

- 1 -

充完善各方工程资料。竣工图应对构件加固信息进一步补充。

　　请你局督促、指导工程业主单位，会同有关单位完成工程完善工作，将工程档案（含电子版）上报我局备案。同时，及时申请工程财务验收。

辽宁省文物局

2021 年 10 月 29 日

（此件依申请公开）

抄送：厅财务审计处

辽宁省文物局	2021 年 10 月 29 日印发

-2-

中标通知书

编号：G21010120170818851711437811

沈阳故宫古建筑有限公司：

你于于2017年10月12日在参加我方组织的**沈阳故宫文溯阁修缮工程施工**的依法 公开招标活动中，所递交的**沈阳故宫文溯阁修缮工程施工**的投标文件，经过评标委员会评审推荐，你单位被确定为中标人。请你单位在接到本通知书后的30日内，并在本项目投标有效期内到 **沈阳故宫博物院** 与我方签订合同。同时，按照招标文件第二章"投标人须知"第7、4款规定，向我方提交履约担保。

工程概况及中标内容

工程标段名称	沈阳故宫文溯阁修缮工程施工			建设地址	沈阳市
项目总投资	221.48 万元			资金来源	国家重点文物保护专项补助资金
中标内容	沈阳故宫文溯阁修缮工程施工				
计划工期	2018年03月15日开工 2018年09月14日竣工	日历工期	183 天	质量标准	合格
主项资质等级	古建筑工程(2015新标准)一级	项目负责人 李军	专业等级 一级注册建造师	证书编号	00482248
工程建设费用组成（元）					
中标金额	2187271.5200元				
措施费		规费		中标平均单价(元/平方米)	
备 注	（本项目工期为计划工期，双方最终以合同签定的工期为准。）				

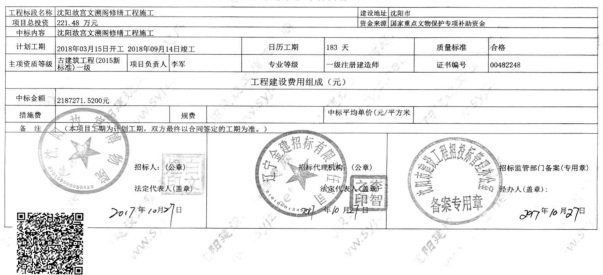

招标人：(公章)
法定代表人(盖章)
2017年10月27日

招标代理机构：(公章)
法定代表人(盖章)
2017年10月27日

招标监管部门备案(专用章)
经办人(盖章)：
2017年10月27日

施工许可审批部门留存

附录 B
沈阳故宫文溯阁施工照片

文溯阁工程照片

| 施工前

文溯阁瓦面搭脚手架

文溯阁瓦面（北坡）防护棚骨架

文溯阁瓦面（一层）脚手架

文溯阁瓦面（南坡）防护棚骨架

脚手架搭设

脚手架搭设

| 施工中

正脊保护性拆除前编号

正脊保护性拆除

正脊按编号顺序码放

瓦面保护性拆除

瓦面保护性拆除

拆除前测量原灰背厚度

拆除前测量原灰背厚度

灰背拆除

正脊脊筒粘接打扒锔子

瓦件清理

瓦件清理

望板

望板

望板、大连檐剔补

护板灰擀压

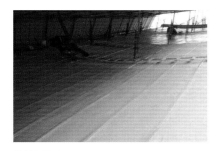

护板灰擀压

抹泥背及晾晒擀压

抹泥背及晾晒擀压

抹泥背及晾晒擀压

泥背厚度测量

泥背厚度测量

抹泥背及晾晒擀压

抹青灰背擀压

青灰背厚度测量

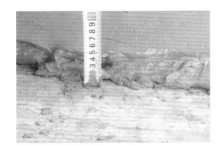

青灰背厚度测量

打梅花窝

青灰背晾晒

青灰背晾晒

二层屋面宽瓦

二层屋面宽瓦

二层屋面宽瓦

二层屋面宽瓦

二层屋面宽瓦

二层屋面宽瓦

二层屋面宽瓦

二层屋面宽瓦

二层垂脊归安

二层垂脊归安

一层垂脊归安

一层垂脊归安

一层屋面宽瓦

一层屋面宽瓦

| 施工后

月台

槛墙

踏跺

槛墙

外廊地面

外廊地面

一层屋面

一层屋面瓦面拆除

二层屋面

二层屋面

正脊吻兽

文溯阁正立面

碑亭施工照片

| 施工前

脚手架搭设

脚手架搭设

脚手架搭设

碑亭宝顶

碑亭瓦面（北坡）

碑亭瓦面（北坡）

碑亭瓦面（南坡）

碑亭瓦面（东坡）

碑亭瓦面（西坡）

文物碑保护

文物碑保护

《运复记碑》保护

斗栱保护

斗栱保护

井口天花拆除保护

施工中

檩调整

由戗剔补

由戗剔补

檩安装

檩剔补

檩嵌缝

雷公柱制作

檩归安

仔角梁更换

由戗安装

由戗安装结构加固

垫木

望板安装

翼角椽安装

飞椽更换

压飞板安装

盔顶测量

盔顶测量

盔顶椽安装

盔顶椽安装

望板测量

望板测量

望板防腐

望板防腐

抹护板灰

抹护板灰

抹泥背

晾晒泥背

抹青灰背、晾晒、擀压

抹青灰背、晾晒、擀压

宝顶安装

宝顶安装

宝顶安装

宝顶安装

调脊宽瓦

调脊宽瓦

调脊宽瓦

内墙钉麻绺

外墙钉麻绺

内墙抹灰

外墙抹灰

外墙抹灰

▎施工后

碑亭南侧

碑亭北侧

地面砖

地面砖

阶条石

阶条石

碑亭瓦面

碑亭瓦面（南坡）

碑亭瓦面（西坡）

宝顶

西北翼角

东北翼角

西南翼角

东南翼角

栅栏门

附件1：文溯阁基础沉降对照数据图表

一层柱础顶部标高：

（单位：米）

点号	柱础高程	点号	柱础高程
1	5.298096	17	5.339905
2	5.331909	18	5.374695
3	**5.412598**	19	5.348114
4	5.410797	20	5.291718
5	5.379608	21	5.327911
6	5.317902	22	5.381805
7	5.313995	23	5.340302
8	5.30191	24	5.318695
9	5.34201	25	**5.281403**
10	5.383698	26	5.320496
11	5.366821	27	5.335815
12	5.303223	28	5.379395
13	5.370605	29	5.3396
14	5.376221	30	5.299896
15	5.325104	31	5.284302
16	5.313721	32	5.285522

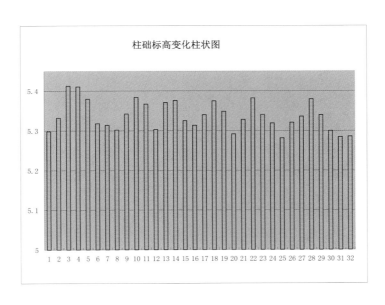

附件2：文溯阁柱子倾斜对照数据图表一层柱子

一层柱子倾斜变化

（单位：米）

点号	坐标轴	柱底圆心坐标	柱顶圆心坐标	倾斜变化量	备注
2	X	−23.243	−23.246	−0.003	偏西
	Y	10.49	10.462	−0.028	偏南
3	X	−18.896	−18.912	−0.016	偏西
	Y	10.478	10.446	−0.032	偏南
4	X	−14.552	−14.556	−0.004	偏西
	Y	10.48	10.451	−0.029	偏南
5	X	−9.454	−9.462	−0.008	偏西
	Y	10.432	10.413	−0.019	偏南
6	X	−5.119	−5.105	0.014	偏东
	Y	10.455	10.428	−0.027	偏南
26	X	−5.143	−5.16	−0.017	偏西
	Y	−2.552	−2.521	0.031	偏北
27	X	−9.481	−9.499	−0.018	偏西
	Y	−2.55	−2.512	0.038	偏北
28	X	−14.594	−14.592	0.002	偏东
	Y	−2.513	−2.493	0.02	偏北
29	X	−18.934	−18.949	−0.015	偏西
	Y	−2.51	−2.484	0.026	偏北
30	X	−23.28	−23.276	0.004	偏东
	Y	−2.486	−2.48	0.006	偏北

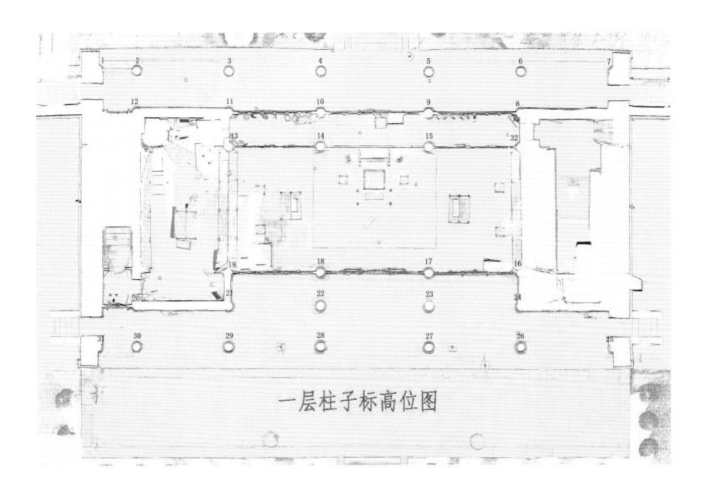

一层柱子标高位图

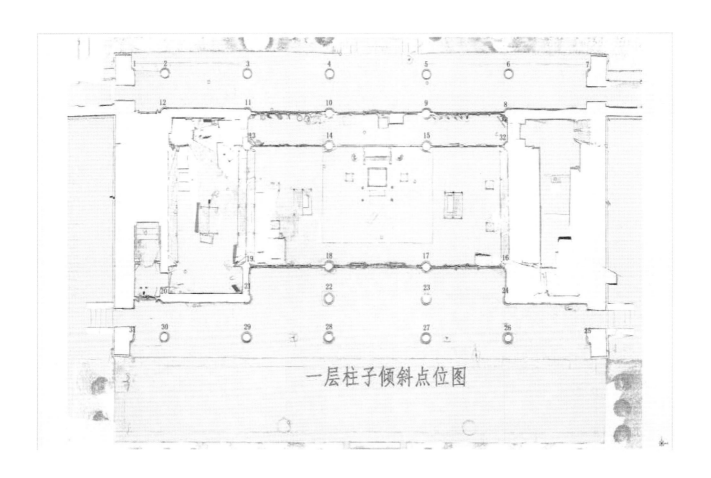

一层柱子倾斜点位图

附件 2: 文溯阁柱子倾斜对照数据图表——二层柱子

二层柱子倾斜变化

（单位：米）

点号	坐标轴	柱底圆心坐标	柱顶圆心坐标	倾斜变化量	备注
1	X	-18.949	-18.946	0.003	偏东
	Y	6.931	6.944	0.013	偏北
2	X	-14.581	-14.58	0.001	偏东
	Y	6.937	6.938	0.001	偏北
3	X	-9.481	-9.48	0.001	偏东
	Y	6.905	6.917	0.012	偏北
4	X	-9.476	-9.486	-0.01	偏西
	Y	0.995	1.01	0.015	偏北
5	X	-14.608	-14.601	0.007	偏东
	Y	1.008	1.017	0.009	偏北
6	X	-18.939	-18.927	0.012	偏东
	Y	1.017	1.032	0.015	偏北

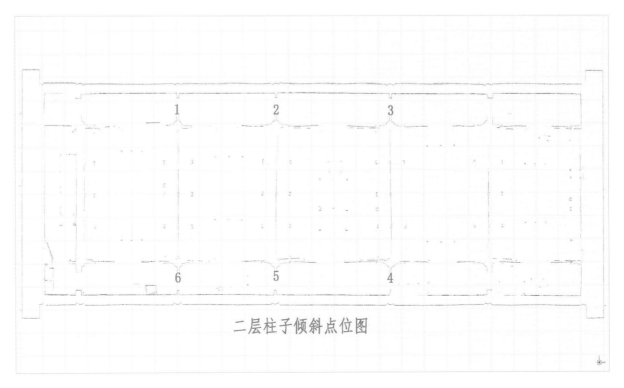

二层柱子倾斜点位图

附件3：文溯阁山墙倾斜对照数据图表——东山墙北侧

东山墙北侧倾斜变化 　　　　　　（单位：米）

点号	X	变化量	备注
25	0.002751	0	
26	0.000623	-0.002128	偏西
27	-0.00019	-0.002941	偏西
28	-0.011185	-0.013936	偏西
29	-0.017621	-0.020372	偏西
30	-0.018165	-0.020916	偏西
31	-0.020131	-0.022882	偏西
32	-0.021149	-0.0239	偏西
33	-0.021467	-0.024218	偏西
34	-0.032517	-0.035268	偏西

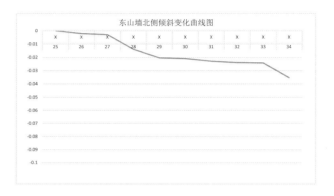

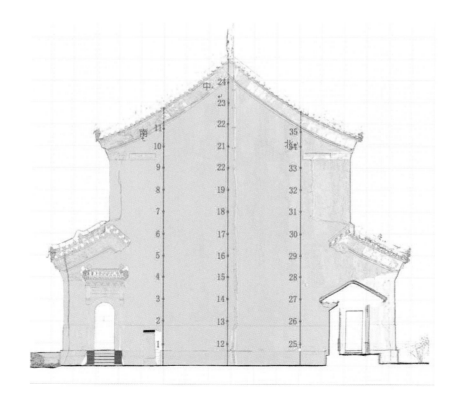

附件3：文溯阁山墙倾斜对照数据图表——东山墙中部

东山墙中部倾斜变化　　（单位：米）

点号	X	变化量	备注
12	0.008198		
13	0.007634	−0.000564	偏西
14	0.000649	−0.007549	偏西
15	−0.005892	−0.01409	偏西
16	−0.007984	−0.016182	偏西
17	−0.011	−0.019198	偏西
18	−0.011608	−0.019806	偏西
19	−0.019849	−0.028047	偏西
20	−0.014821	−0.023019	偏西
21	−0.018464	−0.026662	偏西
22	−0.023176	−0.031374	偏西
23	−0.028768	−0.036966	偏西
24	−0.048317	−0.056515	偏西

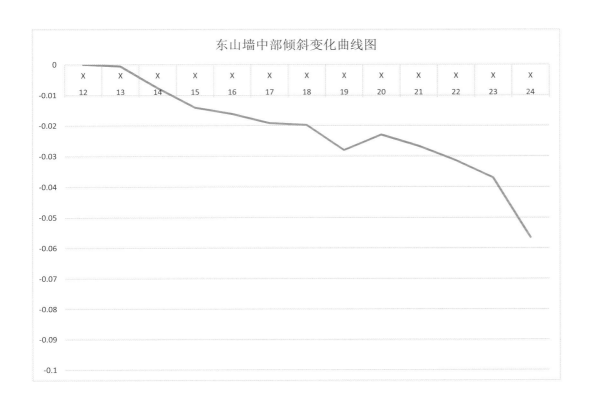

东山墙中部倾斜变化曲线图

附件3：文溯阁山墙倾斜对照数据图表——东山墙南侧

东山墙南侧倾斜变化

（单位：米）

点号	X	变化量	备注
1	0.018929		
2	0.016512	-0.002417	偏西
3	0.008908	-0.010021	偏西
4	0.002222	-0.016707	偏西
5	-0.005004	-0.023933	偏西
6	-0.013117	-0.032046	偏西
7	-0.008414	-0.027343	偏西
8	-0.016732	-0.035661	偏西
9	-0.019149	-0.038078	偏西
10	-0.02604	-0.044969	偏西
11	-0.026411	-0.04534	偏西

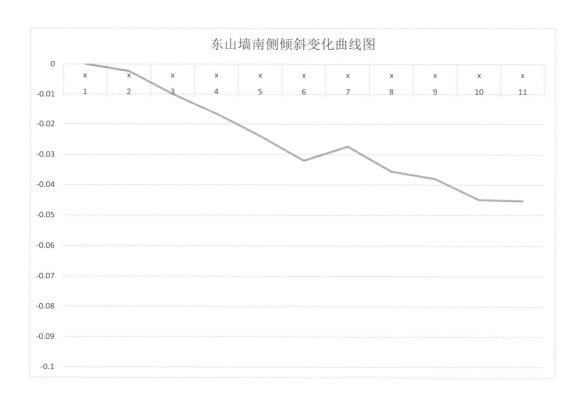

东山墙南侧倾斜变化曲线图

附录 C

沈阳故宫文溯阁工程图纸

备注：

项目负责：   设 计：

技术负责：   制 图： 于淑娟

勘察测绘：

二零一六年九月

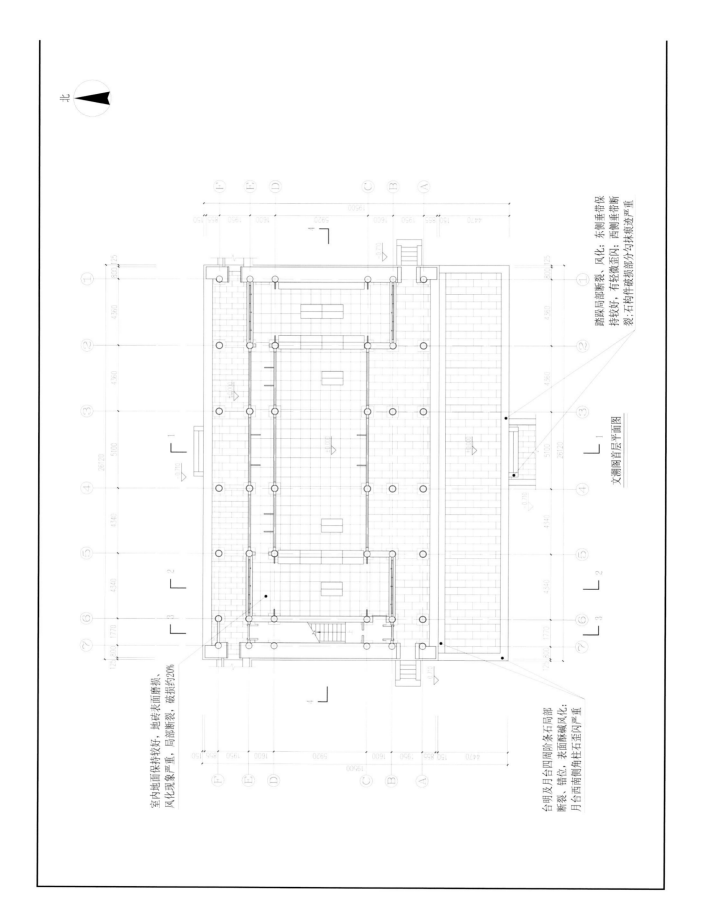

文溯阁首层平面图

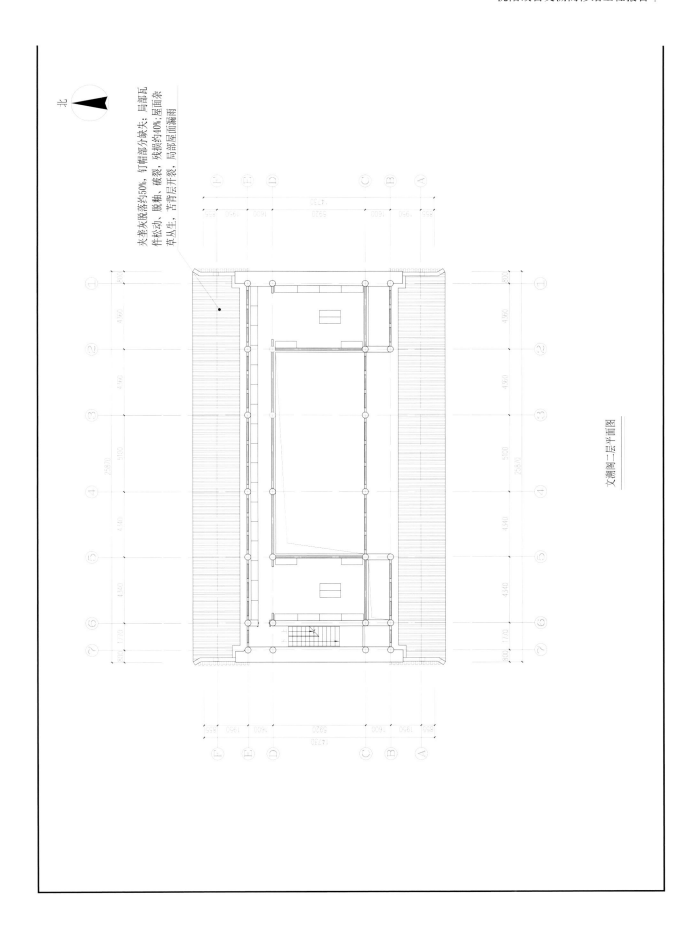

夹垄灰脱落约50%，钉帽部分缺失；局部瓦件松动、脱釉、破裂；残损约40%；屋面杂草丛生；苫背层开裂，局部屋面漏雨

北

文溯阁二层平面图

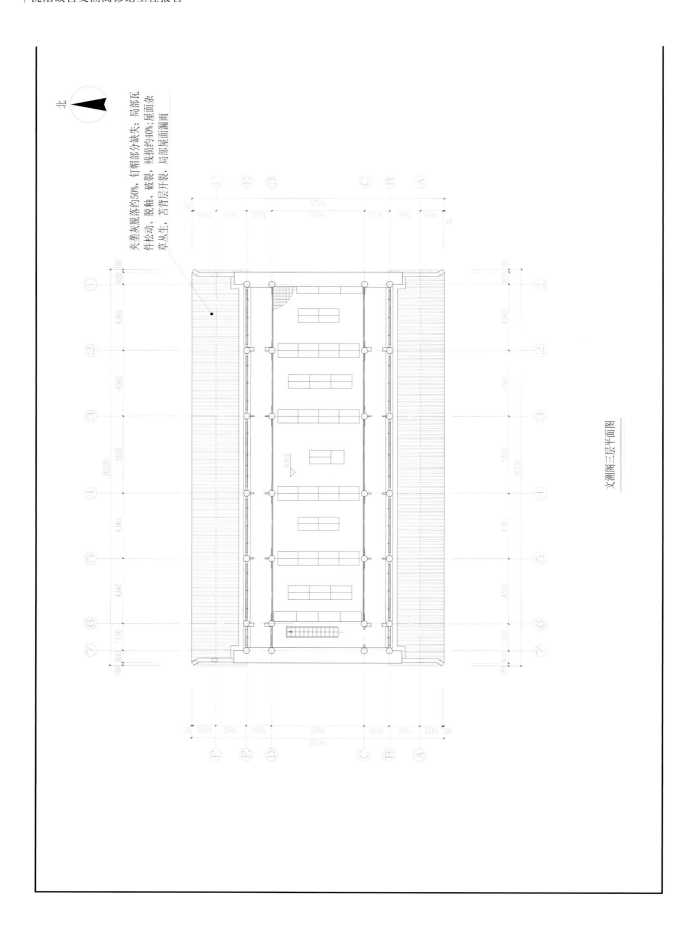

北

夹垄灰脱落约50%，勾帽部分缺失；局部瓦件松动、脱釉、破裂，残损约40%；屋面杂草丛生，苫背层开裂，局部屋面漏雨

6.025

文溯阁三层平面图

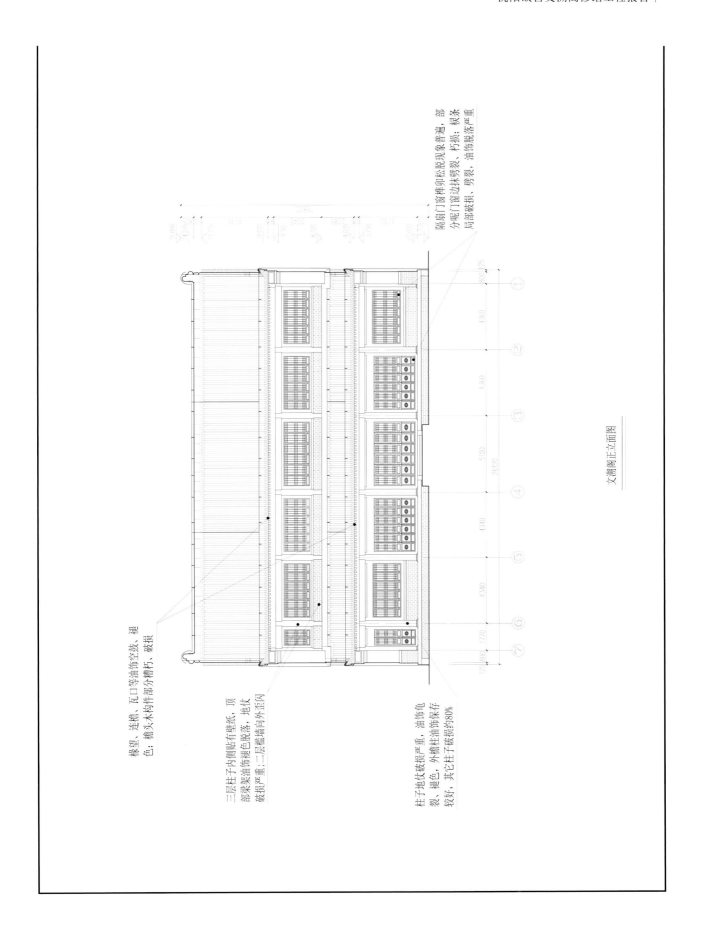

文溯阁正立面图

椽望、连檐、瓦口等油饰空鼓、褪色；檐头木构件部分糟朽、破损

三层柱子内侧贴有壁纸，顶部梁架油饰褪色脱落、地仗破损严重；二层檐墙向外歪闪

柱子地仗破损严重，油饰龟裂、褪色，外檐柱油饰保存较好，其它柱子破损约80%

隔扇门窗榫卯松脱现象普遍，部分呢门窗边抹劈裂，朽损；楞条局部破损、劈裂，油饰脱落严重

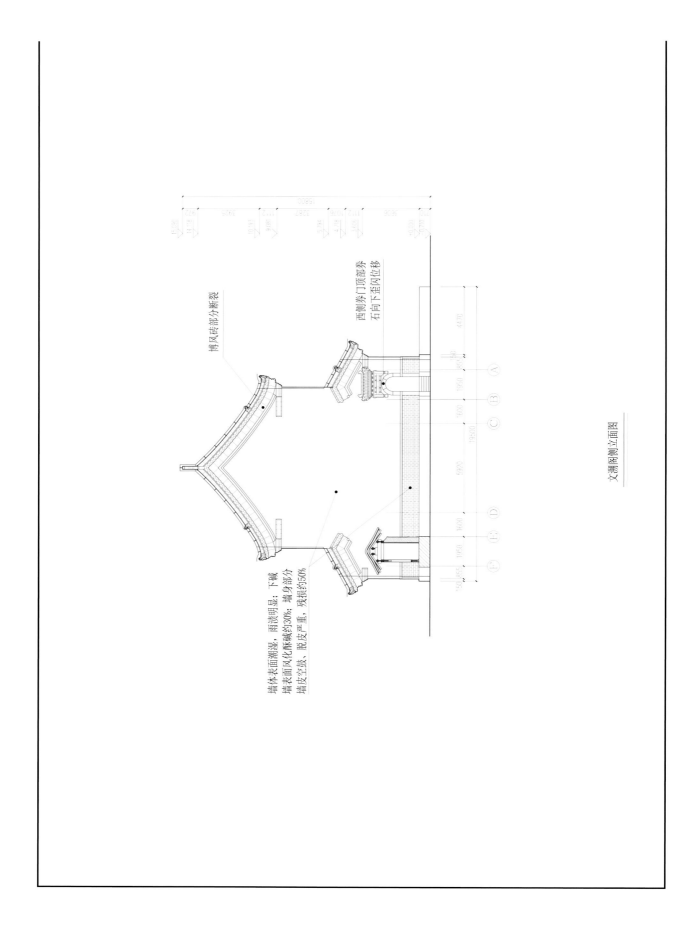

文溯阁西侧立面图

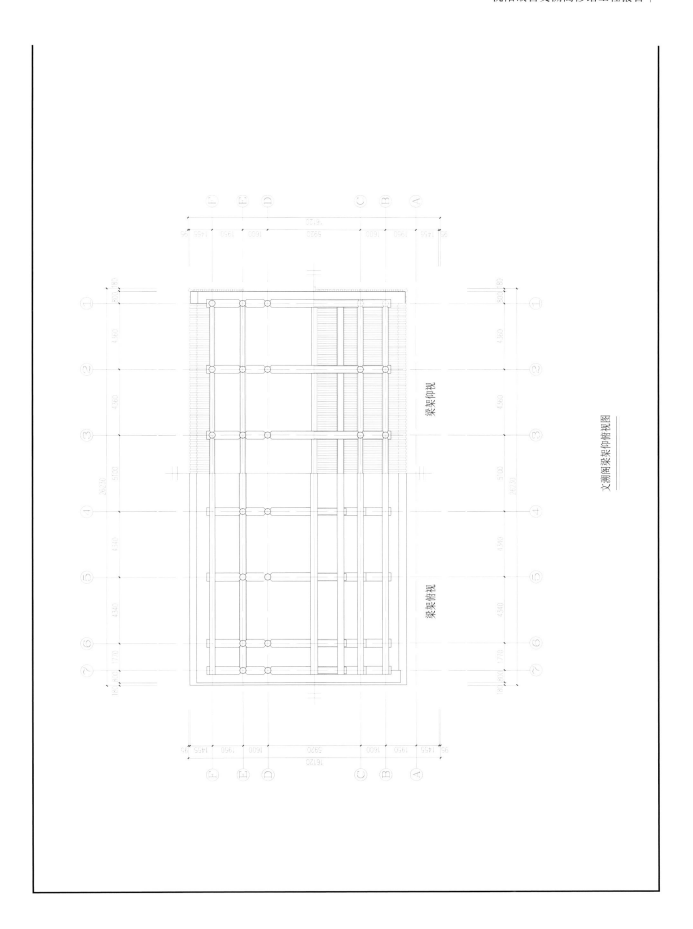

文溯阁梁架仰俯视图

梁架仰视

梁架俯视

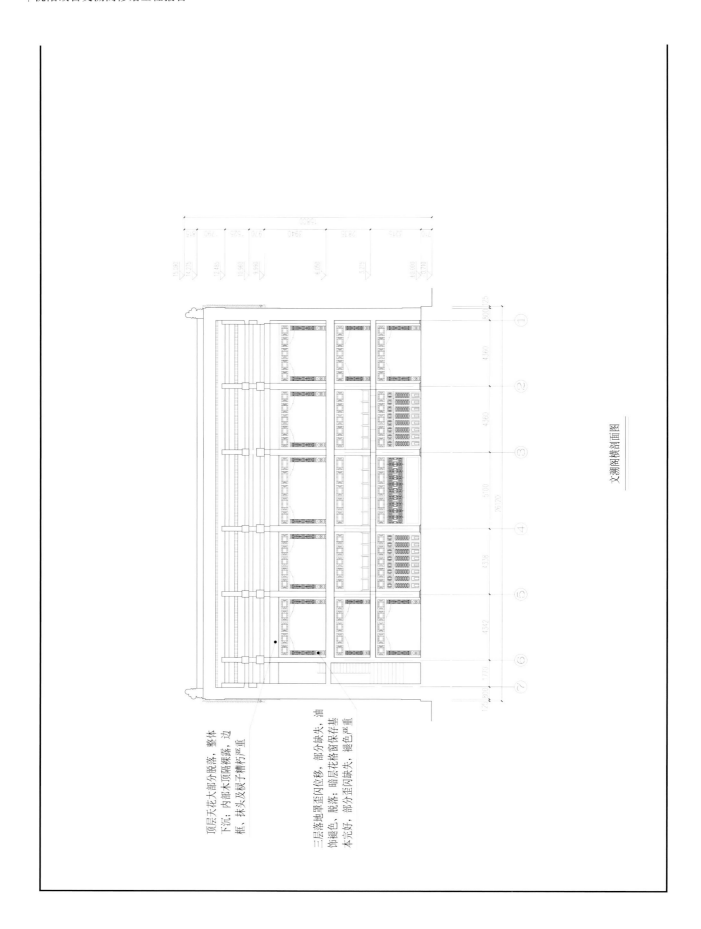

文溯阁横剖面图

顶层天花大部分脱落，整体下沉；内部木顶隔糟露，边框，抹头及棂子糟朽糟朽严重

三层落地罩歪闪位移，部分缺失，油饰褪色、脱落；暗层花格窗保存基本完好、部分歪闪缺失，褪色严重

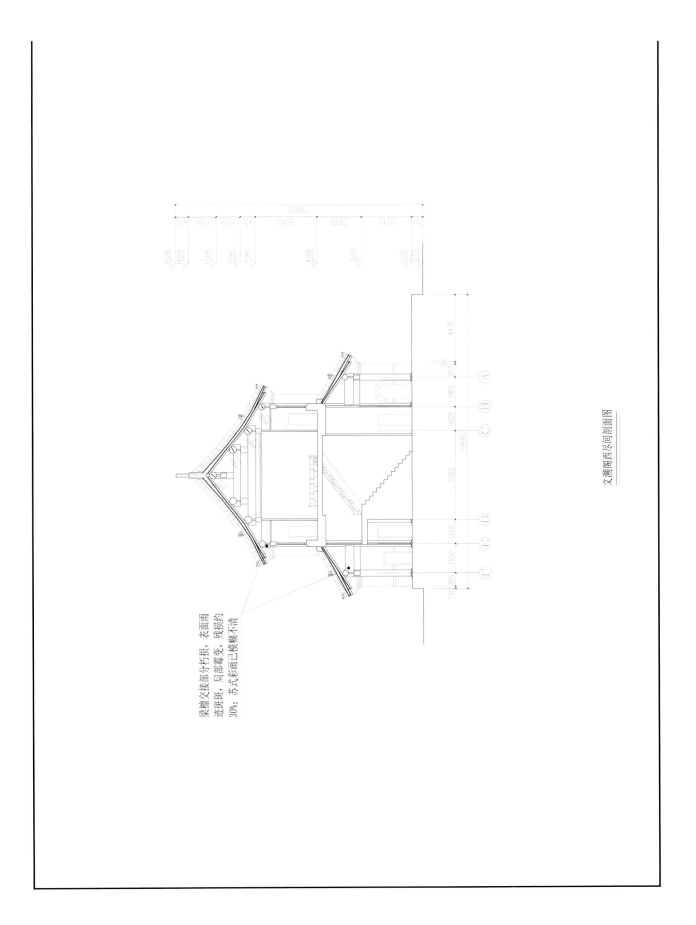

文溯阁西尽间剖面图

梁檩交接部分朽损，表面雨迹斑斑，局部糟变，残损约30%；苏式彩画已模糊不清

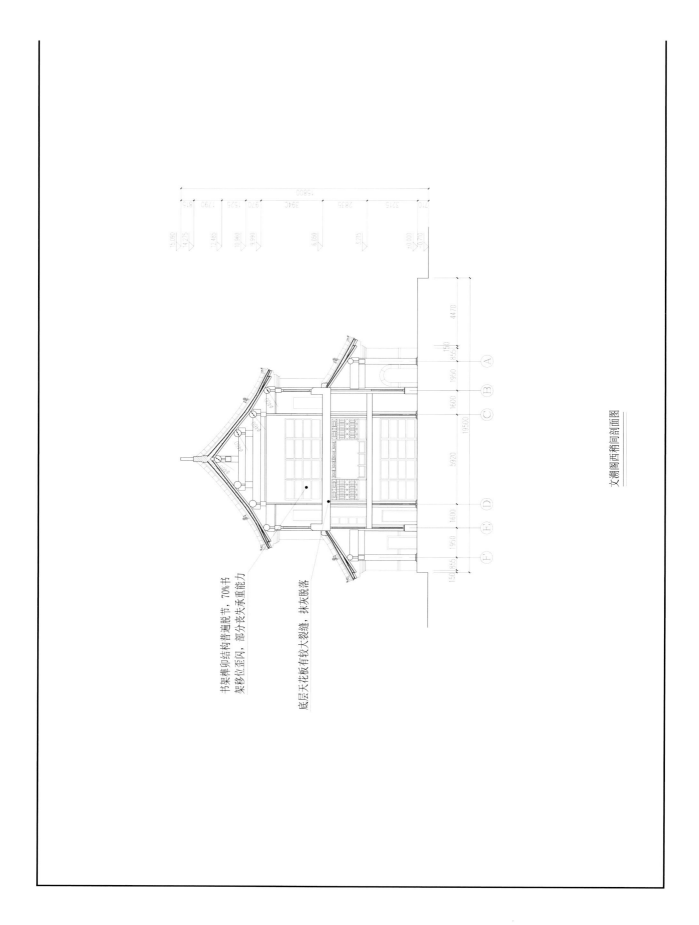

文溯阁西稍间剖面图

书架榫卯结构普遍脱节，70%书架移位歪闪，部分丧失承重能力

底层天花板有较大裂缝，抹灰脱落

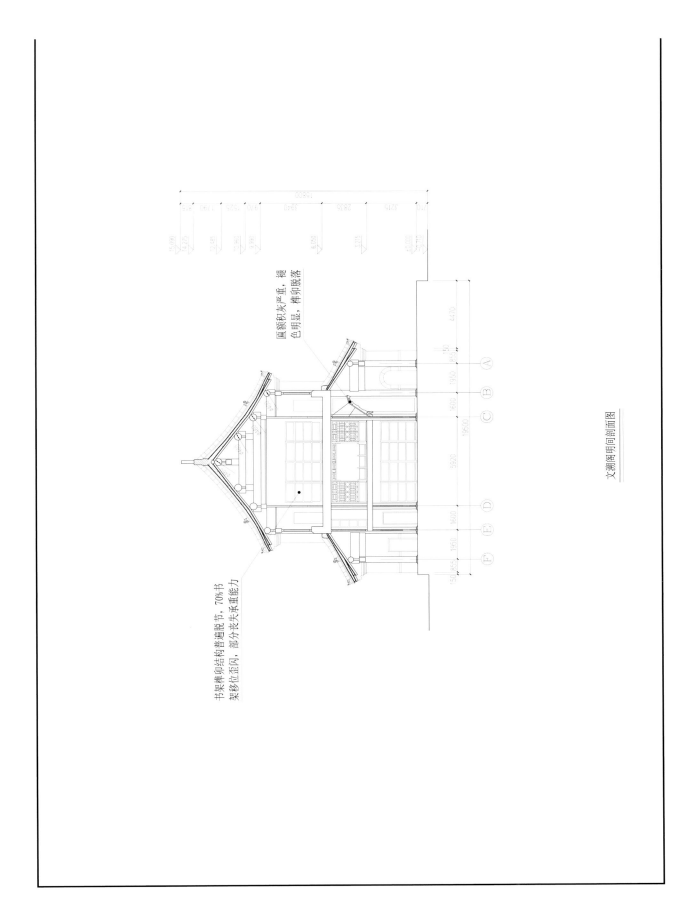

文溯阁明间剖面图

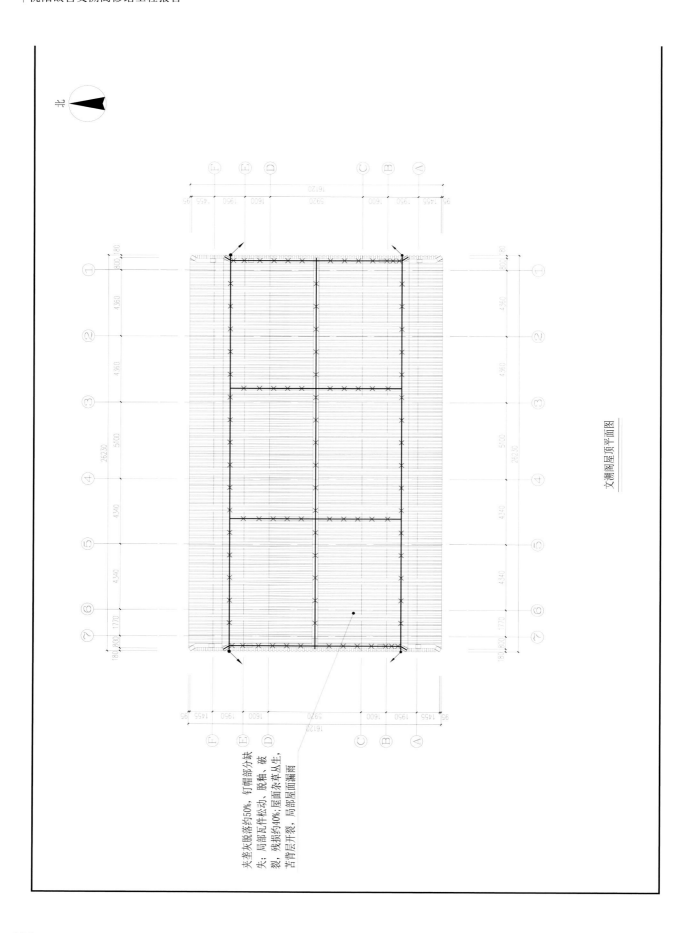

文溯阁屋顶平面图

夹垄灰脱落约50%，钉帽部分缺失；局部瓦件松动、脱轴、破裂，残损约40%；屋面杂草丛生，苫背层开裂，局部屋面漏雨

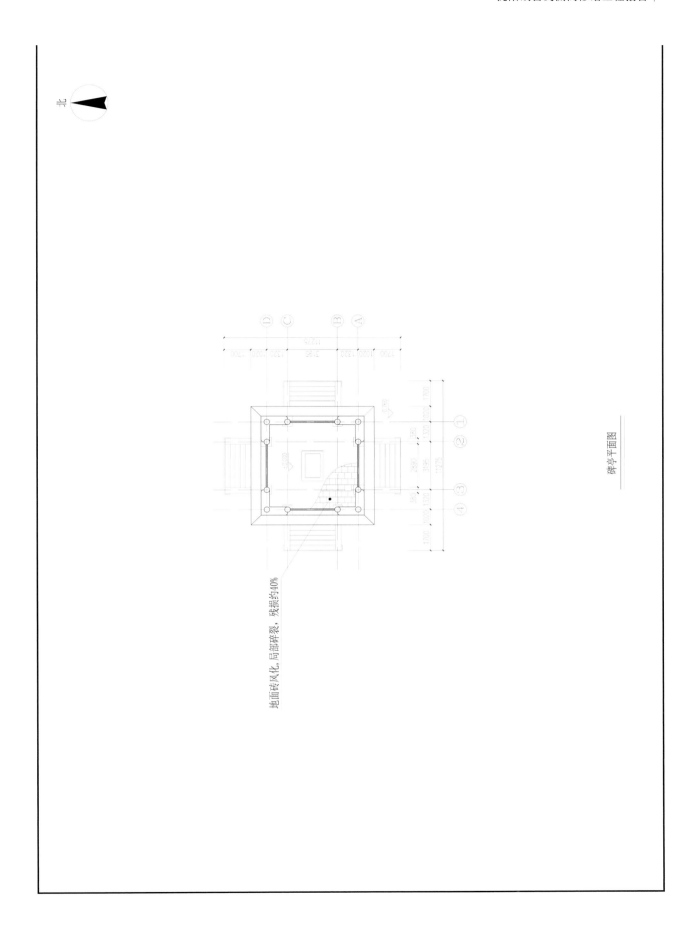

北

地面砖风化,局部碎裂,残损约40%

碑亭平面图

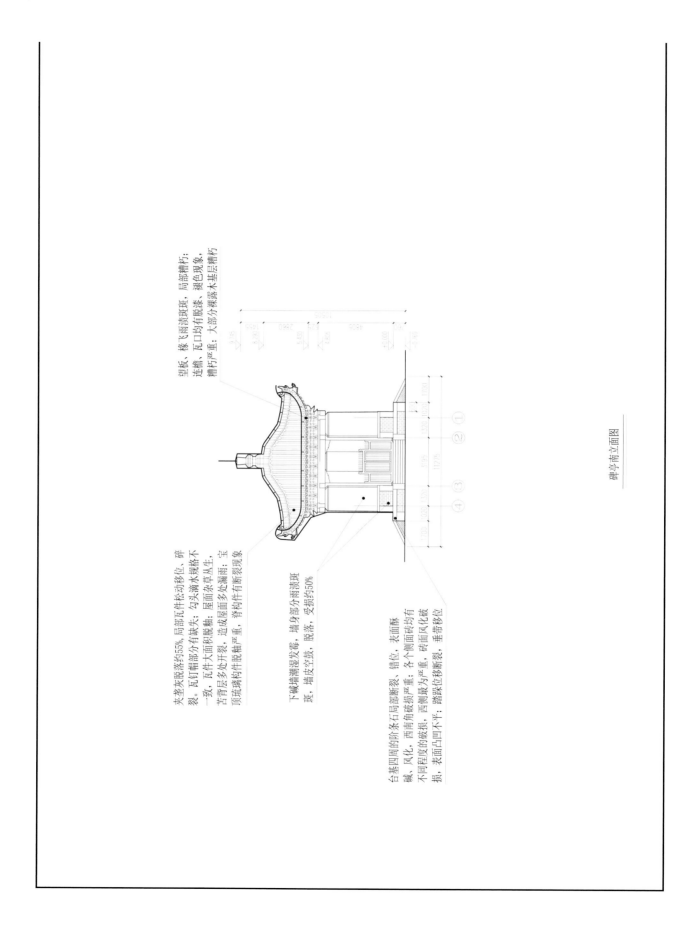

碑亭南立面图

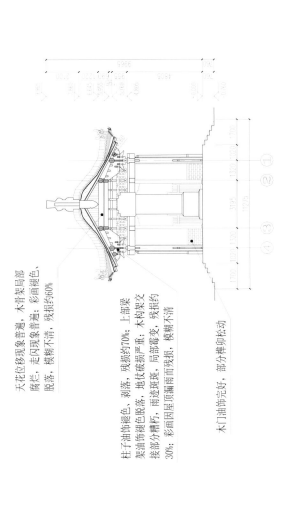

天花位移现象普遍，木骨架局部
腐烂；走闪现象普遍；彩画褪色，
脱落，模糊不清，残损约60%

柱子油饰褪色，剥落，残损约70%；上部梁
架油饰褪色脱落，地仗破损严重；木构架次
接部分糟朽，雨迹斑斑，局部霉变，残损约
30%；彩画因屋顶漏雨而残损，模糊不清

木门油饰完好，部分榫卯松动

碑亭剖面图

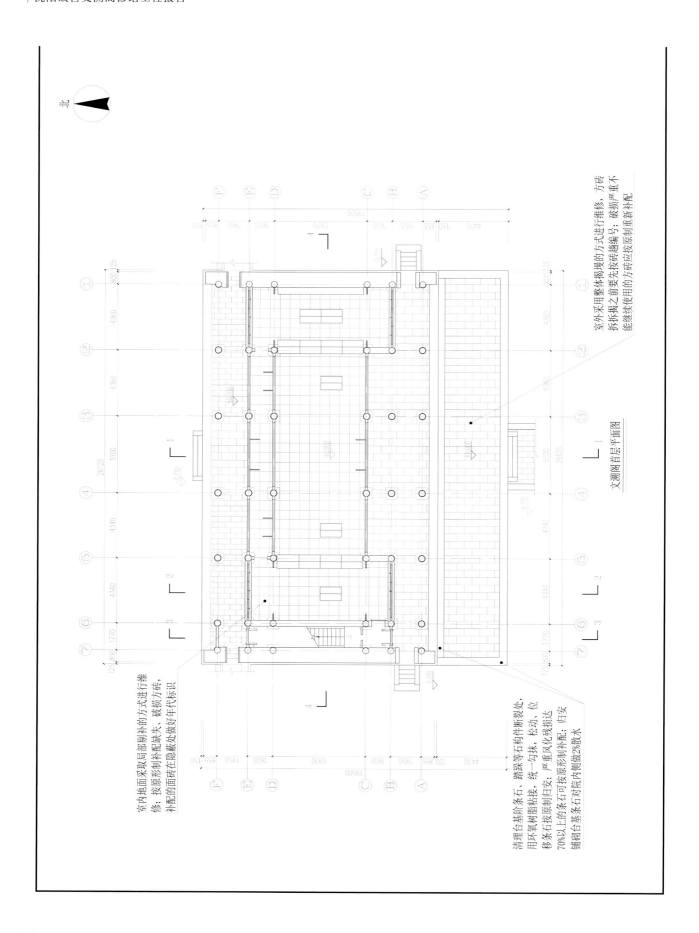

文溯阁首层平面图

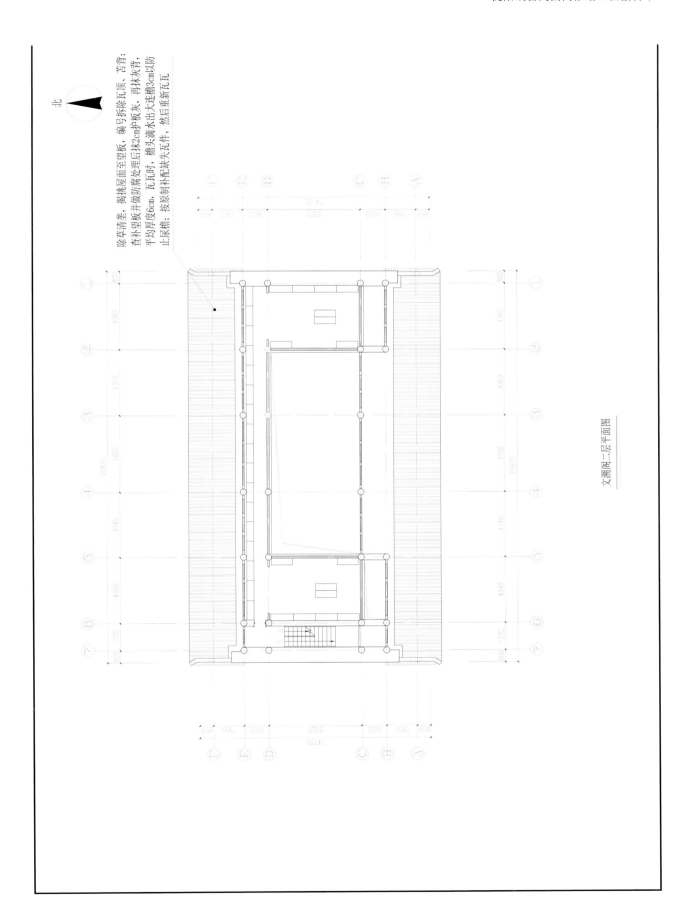

北

除草清垄，揭挑屋面至望板，编号拆除瓦顶，苫背；查补望板并做防腐处理后抹2cm护板灰，再抹灰背，平均厚度6cm，瓦瓦时，檐头滴水出大连檐3cm以防止尿檐；按原制补配缺失瓦件，然后重新瓦瓦

文溯阁二层平面图

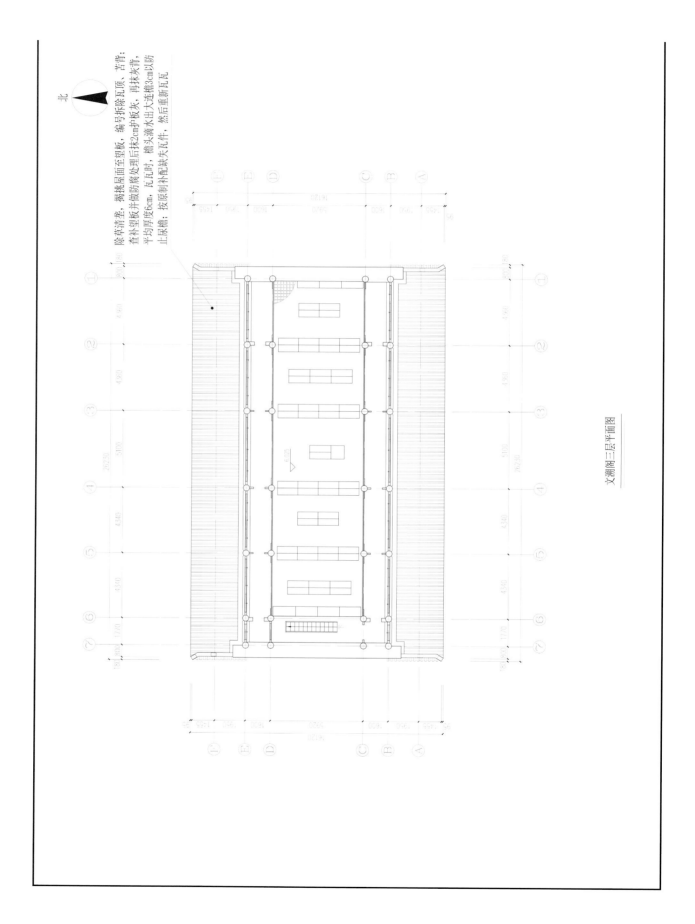

文溯阁三层平面图

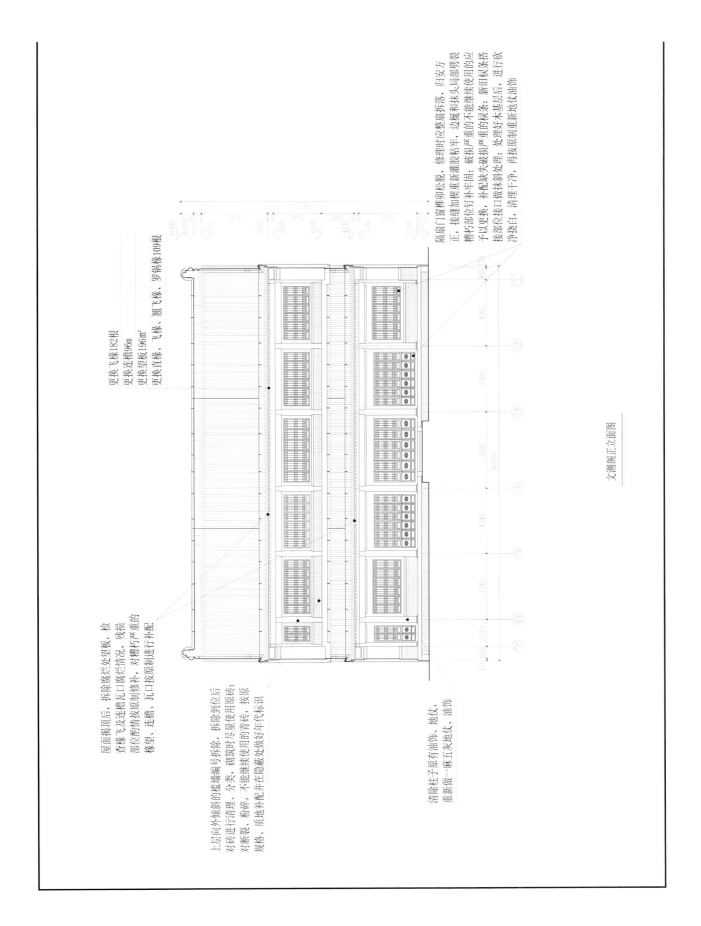

屋面揭顶后，拆除腐烂处望板，检查椽飞及连檐瓦口腐烂情况，残损部位按原制修补，对糟朽严重的椽望、连檐、飞椽按原制重新配椽望，连檐、飞椽按原制修补，对糟朽严重的部位按原制重新配椽望、连檐、瓦口按原制重行补配

更换飞椽182根
更换连檐96m
更换望板板196m²
更换直椽、飞椽、翘飞椽、罗锅椽109根

上层向外倾斜的墙编号拆除，拆除到位后对砖进行清理、分类，砌筑时尽量使用原青砖，不能继续使用的青砖，按原规格、质地补配并在隐蔽处做好年代标识

清除柱子原有油饰、地伏，重新做一麻五灰地伏、油饰

隔扇门窗榫卯松脱，修理时应整嵌拆落，归安方正，接缝加胶重新灌浆粘牢，边梃和抹头局部劈裂糟朽部位钉补牢固；破损严重的不能继续使用的应予以更换，补配缺失破损严重的棂条；新旧棂条搭接部位做抹斜处理；处理好木基层，再按原制重新地伏油饰接搓口，清理干净，净挠口

文溯阁正立面图

163

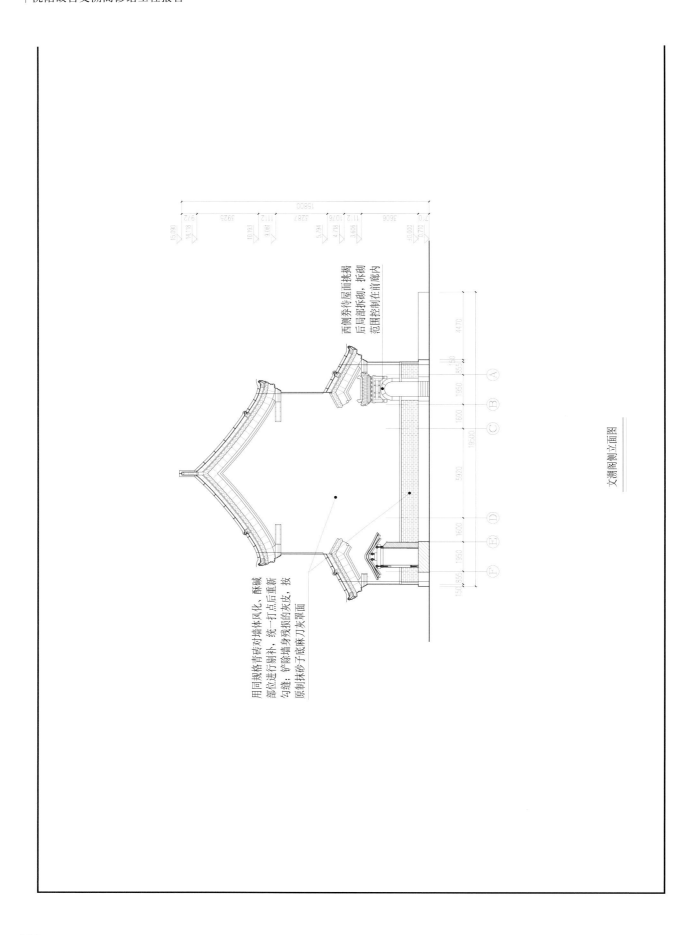

文溯阁侧立面图

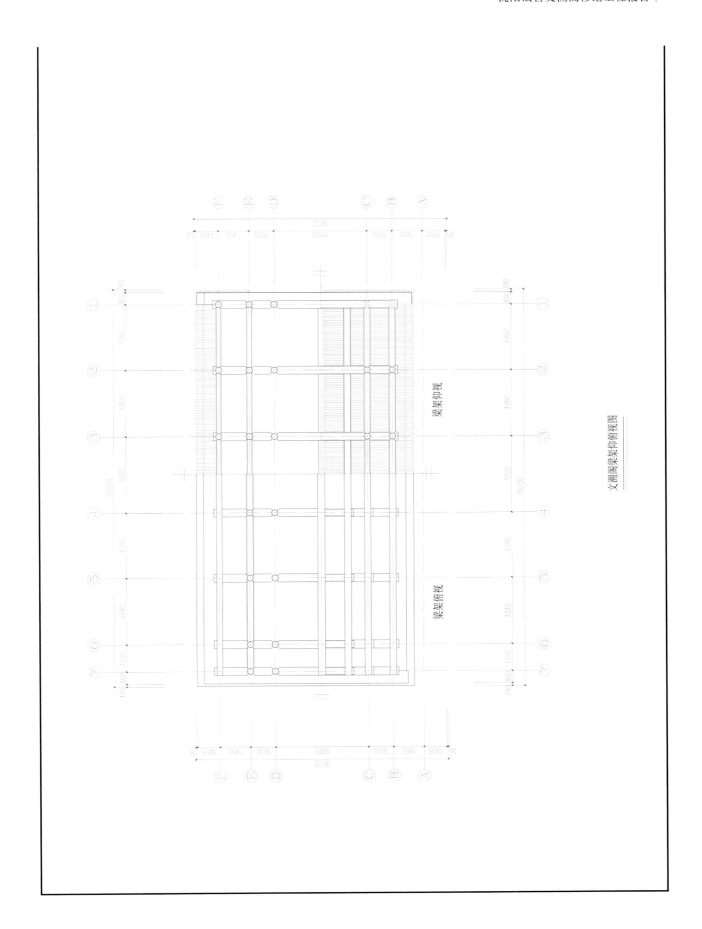

文溯阁梁架仰俯视图

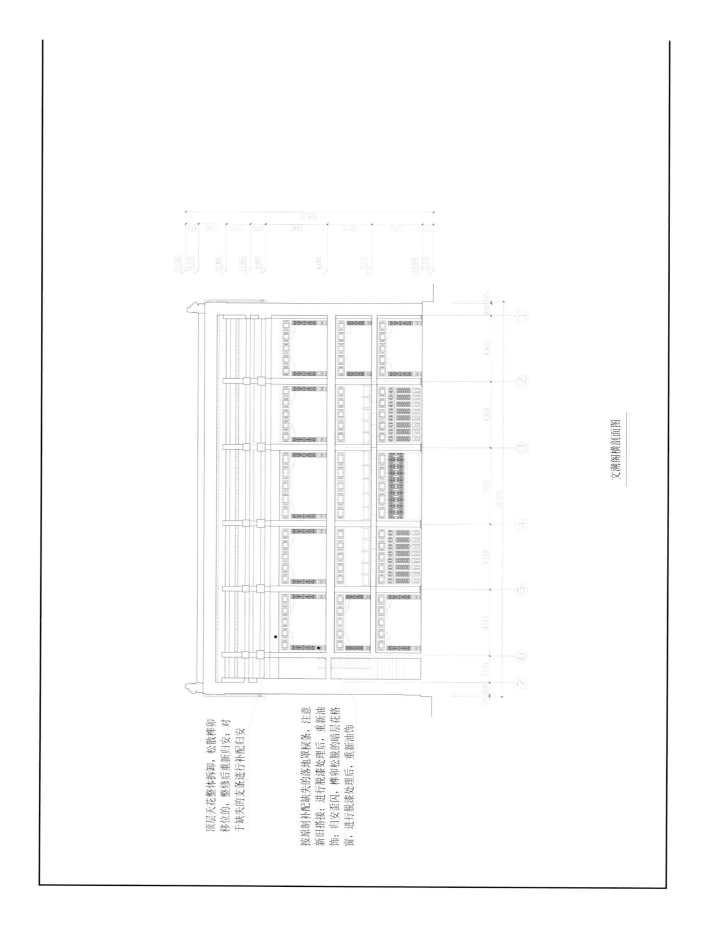

文溯阁横剖面图

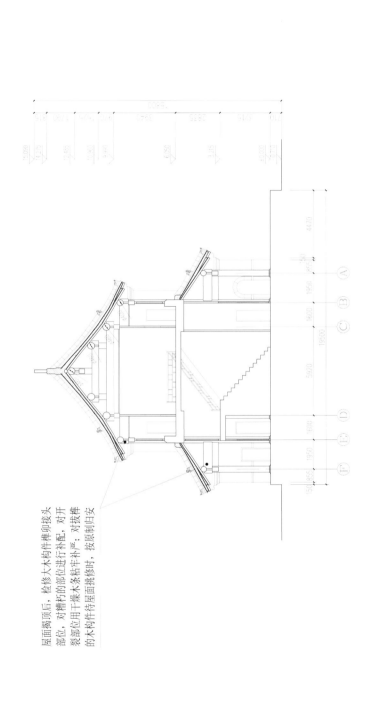

文溯阁西尽间剖面图

屋面揭顶后，检修大木构件榫卯接头部位，对糟朽的部位进行补配，对开裂部位用干燥木条粘牢补严；对拔榫的木构件待屋面揭修时，按原制归安

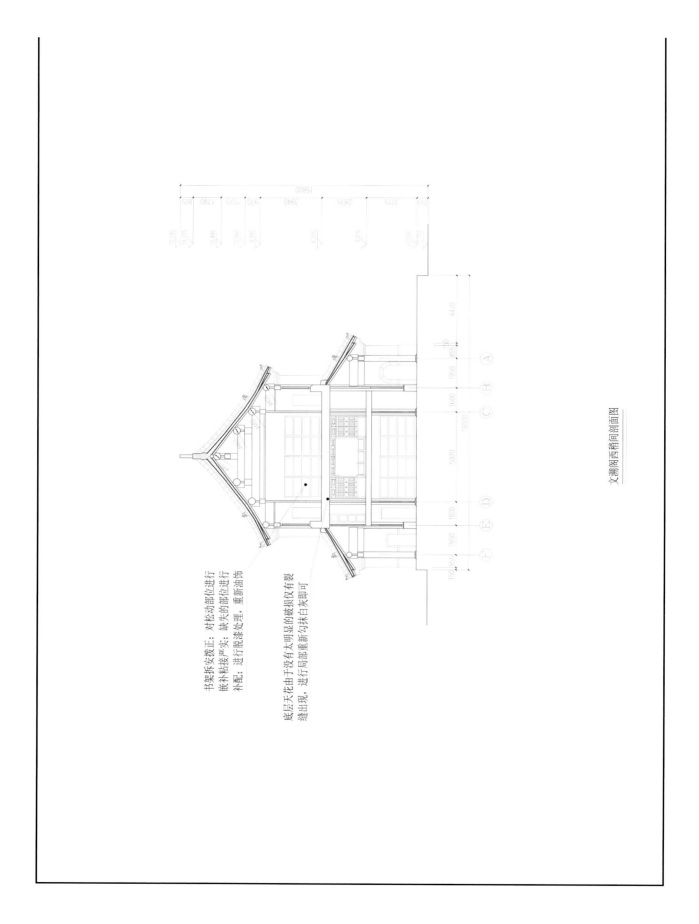

书架拆安拨正：对松动部位进行
嵌补粘接严实：缺失的部位进行
补配：进行脱漆处理，重新油饰

底层天花由于没有太明显的破损仅有裂
缝出现，进行局部重新勾抹白灰即可

文溯阁西稍间剖面图

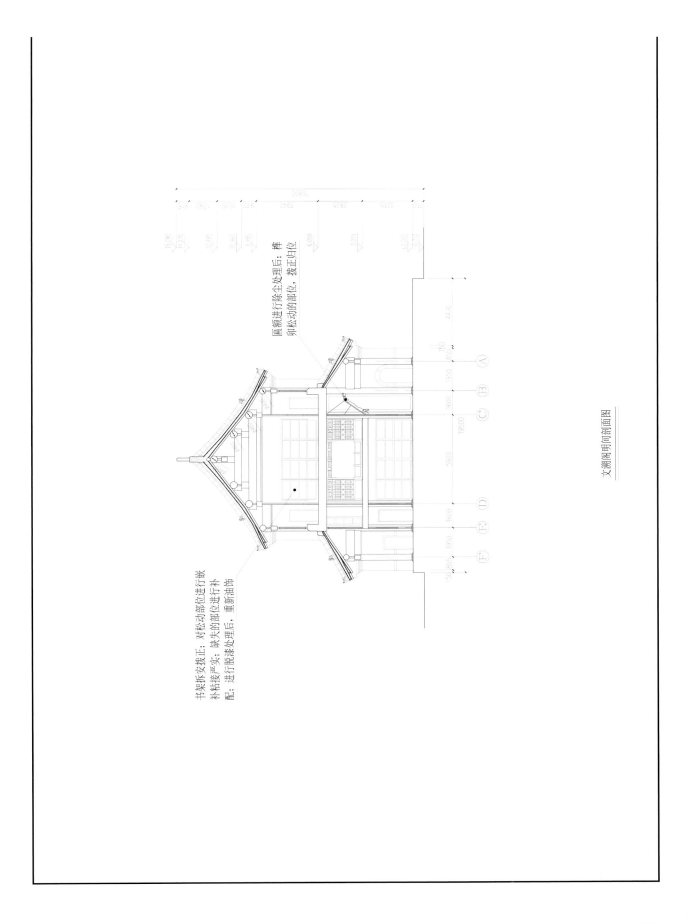

文溯阁明间剖面图

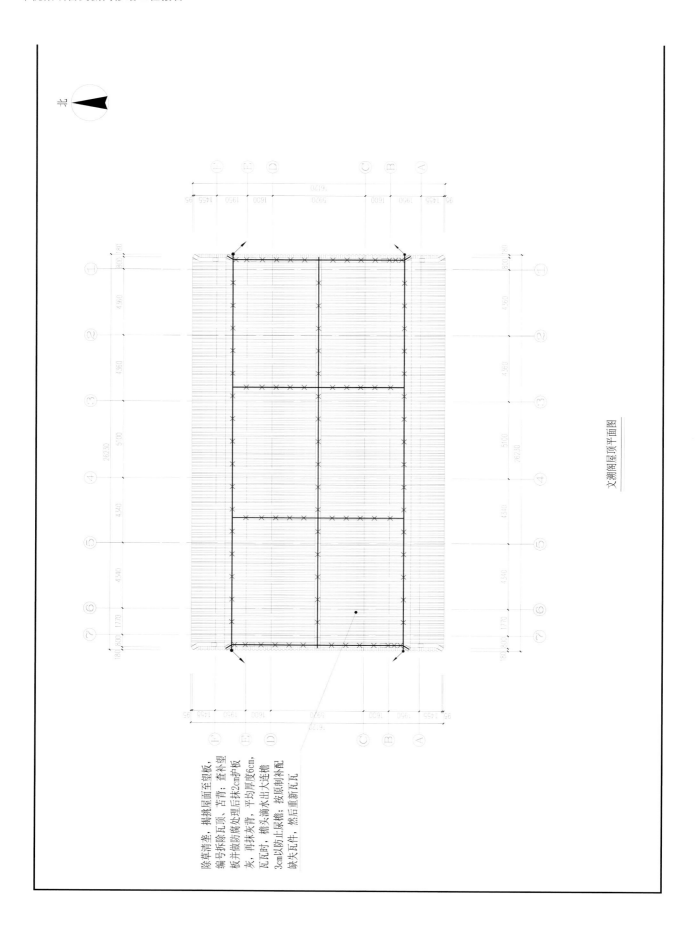

北

文溯阁屋顶平面图

除草清垄，揭挑屋面至望板，编号拆除瓦顶，苫背：查补望板并做防腐处理后抹2cm护板灰、再抹灰背，平均厚度6cm，瓦瓦时，檐头滴水出大连檐3cm以防止灰滴；按原制补配缺失瓦件，然后重新瓦瓦。

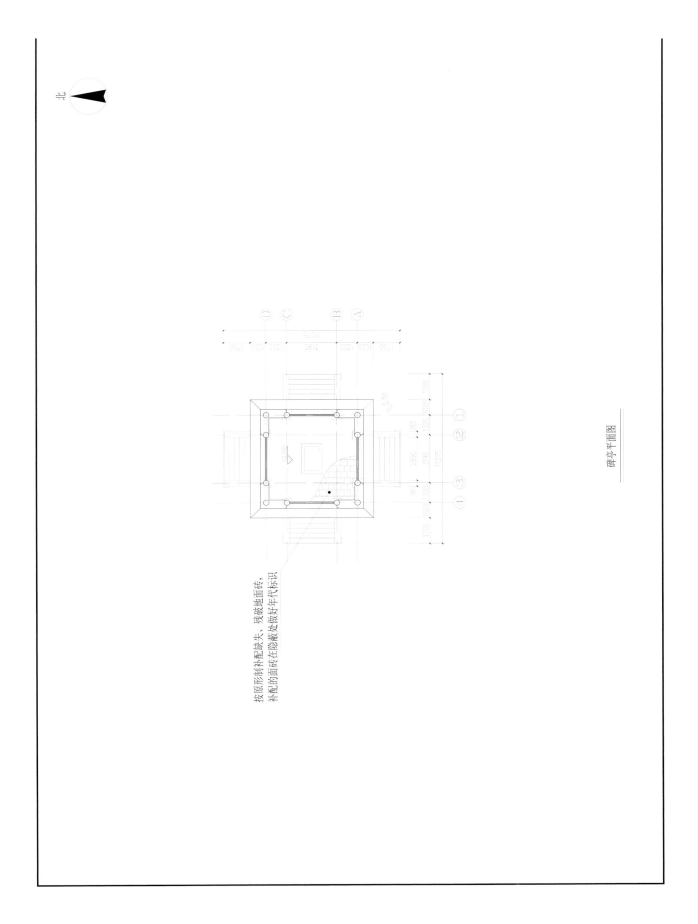

碑亭平面图

按原形制补配缺失、残破地面砖，补配的面砖在隐蔽处做好年代标识

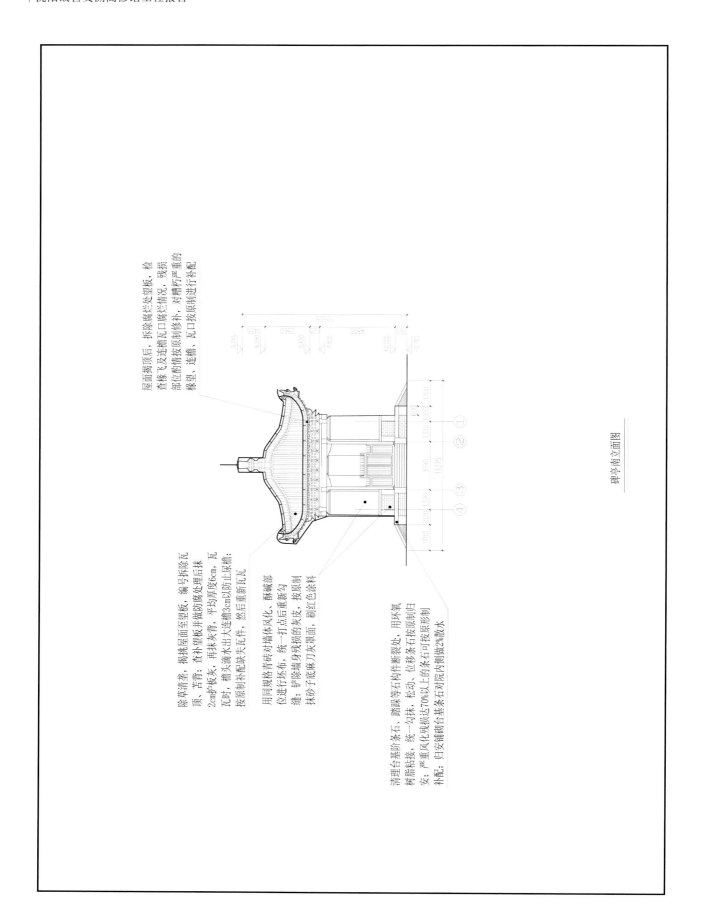

屋面揭顶后，拆除腐烂望板，检查椽飞及连檐瓦口腐烂情况，残损部位酌情按原制修补，对槽朽严重的椽望、连檐、瓦口按原制进行补配

除草青苔，揭挑屋面至望板，编号拆除瓦顶；苦青；杏朴望板丰板做防腐处理后抹2cm护板灰，再抹灰青，平均厚度6cm，瓦瓦时，檐头滴水出大连檐3cm以防止尿檐；按原制补配缺失瓦件，然后重新瓦瓦

用同规格青砖对墙体风化、酥碱部位进行环保，统一打点后重新勾缝；铲除墙身残损的灰皮，按原制抹砂子底麻刀灰罩面，刷红色涂料

清理台基阶条石、踏跺等石构件断裂处，用环氧树脂粘接，统一勾抹，位移条石按原形归安；严重风化破损达70%以上的条石可按原形补配；归安铺砌台基条石对院内侧做2%散水

碑亭南立面图

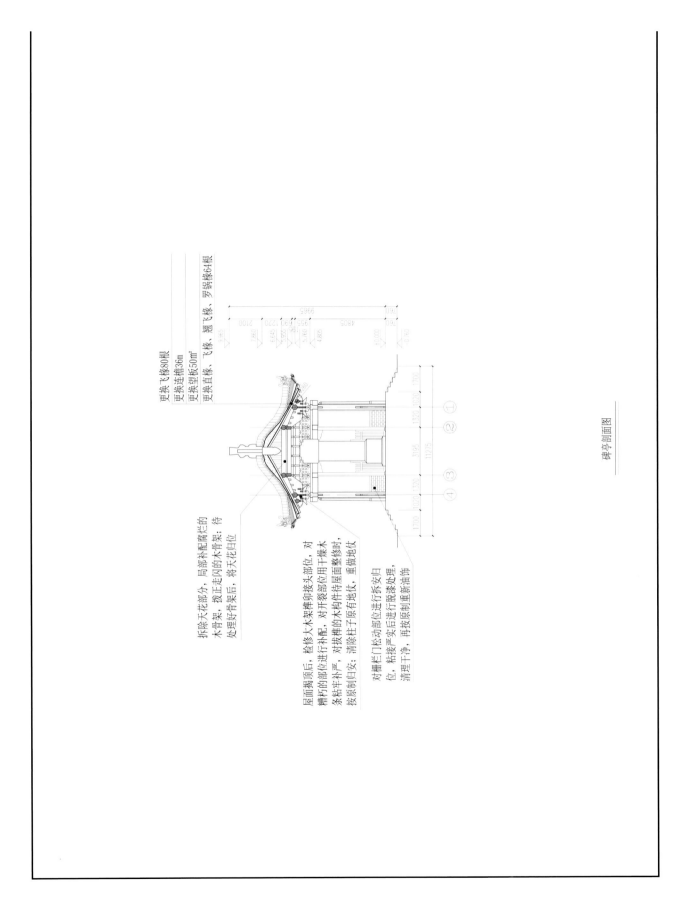

更换飞椽80根
更换连檐36m
更换望板50m²

更换直椽、飞椽、翘飞椽、罗锅椽64根

拆除天花部分，局部补配腐烂的木骨架，拨正走闪的木骨架；待处理好骨架后，将天花归位

屋面揭顶后，检修大木架榫卯接头部位，对糟朽的部位进行补配，对开裂部位用干燥木条粘牢补严，对拔榫的木构件待屋面整修时，按原制归安；清除柱子原有地仗、重做地仗

对栅栏门松动部位进行拆安归位，粘接严实后进行脱漆处理，清理干净，再按原制重新油饰

碑亭剖面图

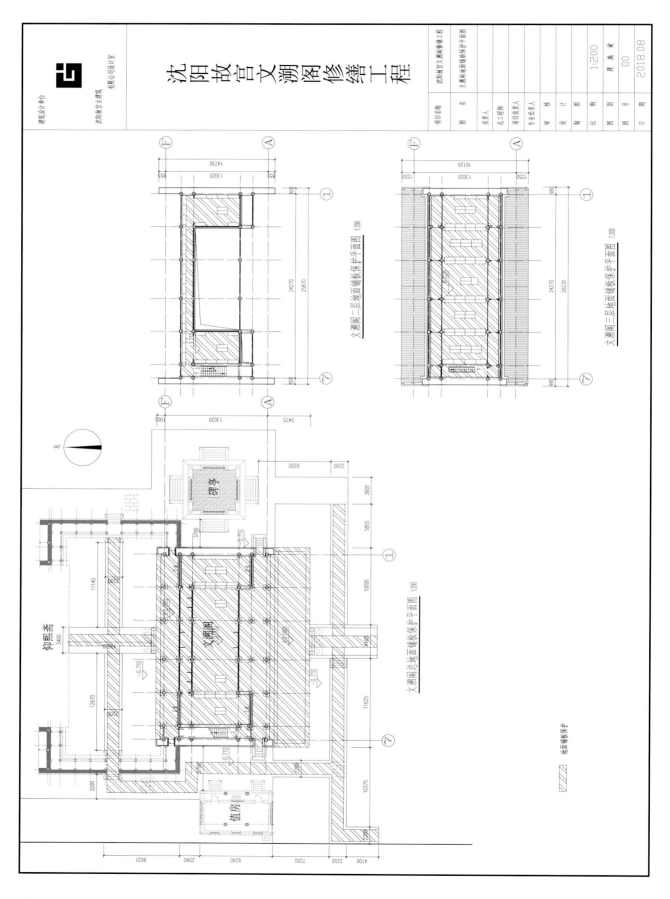

沈阳故宫文溯阁修缮工程

文溯阁二层地面铺板保护平面图 1:200

文溯阁三层地面铺板保护平面图 1:200

文溯阁总地面铺板保护平面图 1:200

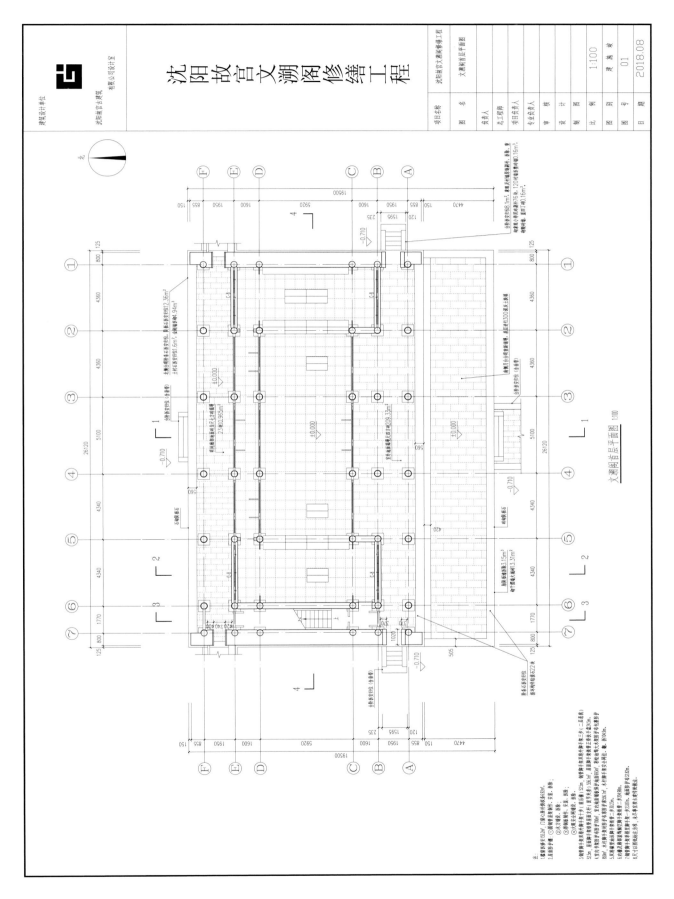

沈阳故宫文溯阁修缮工程

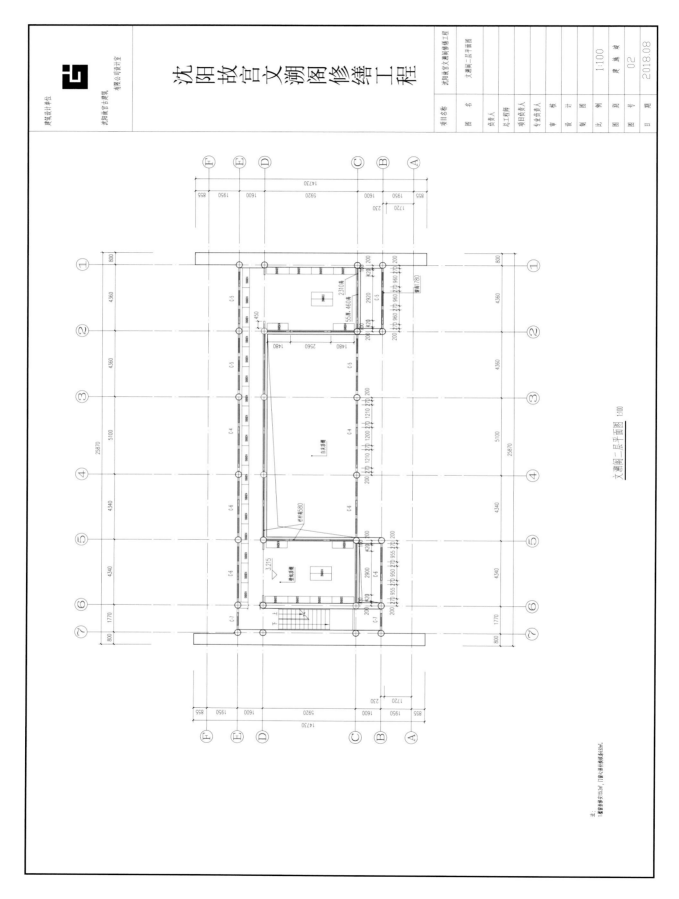

文溯阁二层平面图 1:100

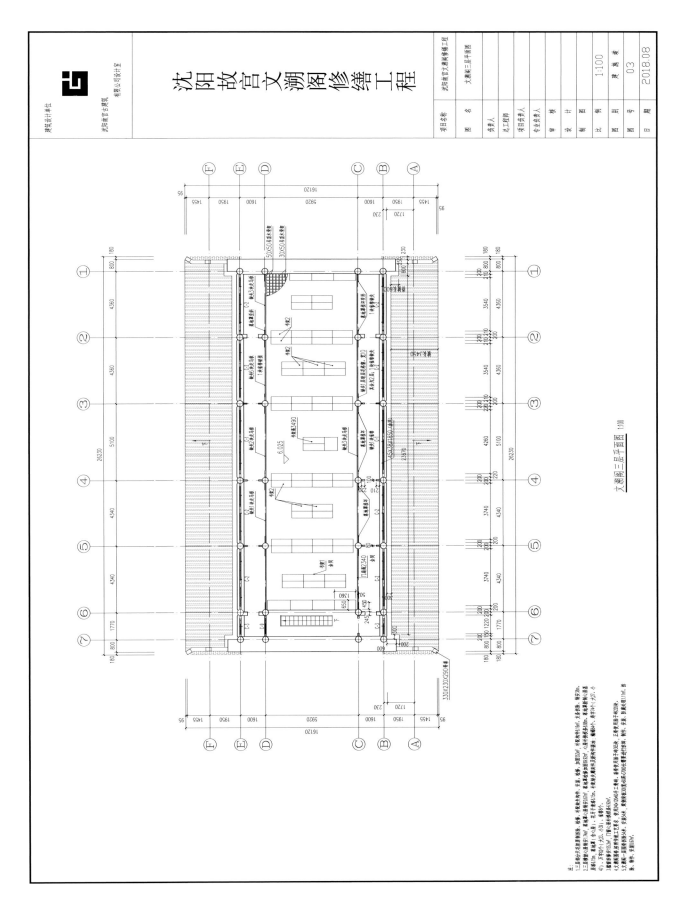

文溯阁三层平面图 1:100

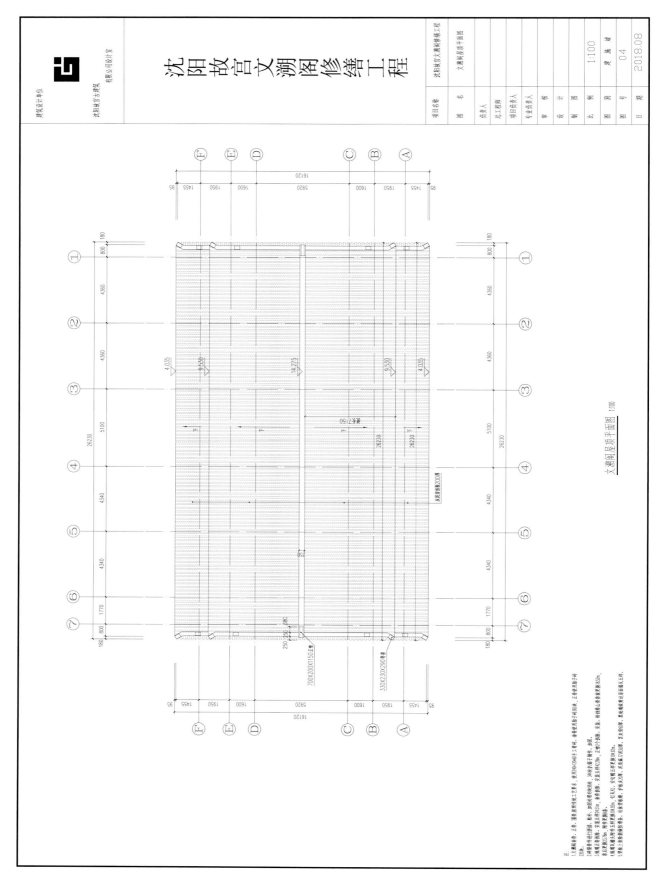

文溯阁屋顶平面图 1:100

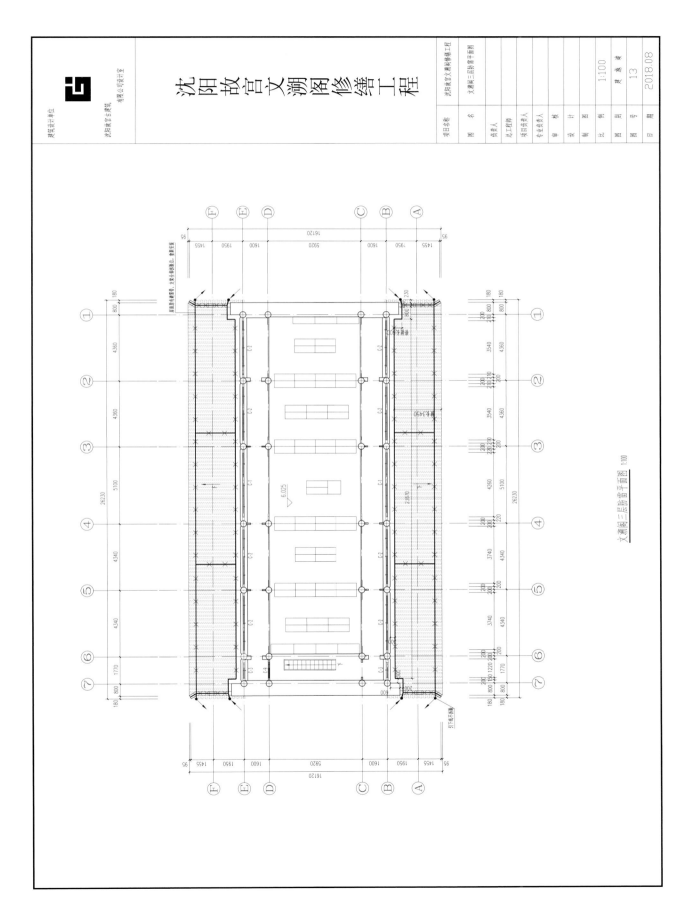

沈阳故宫文溯阁修缮工程

文溯阁三层防雷平面图 1:100

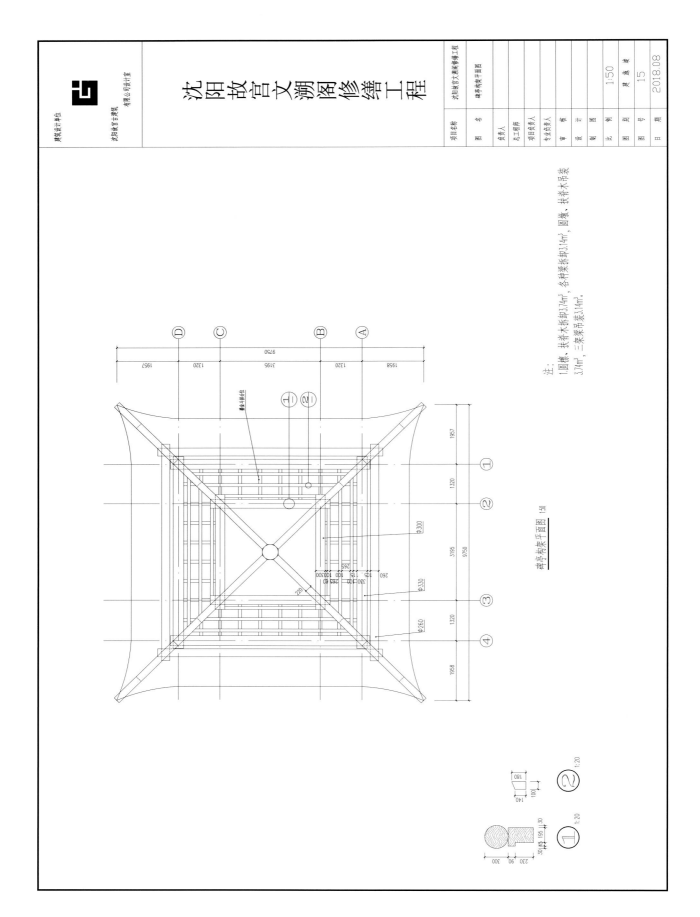

碑亭构架平面图 1:50

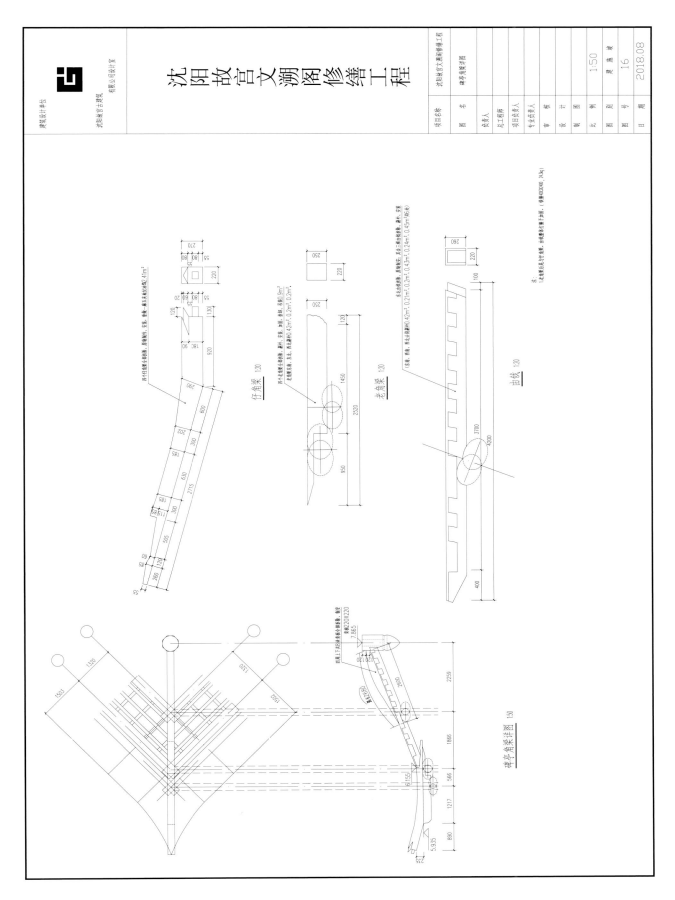

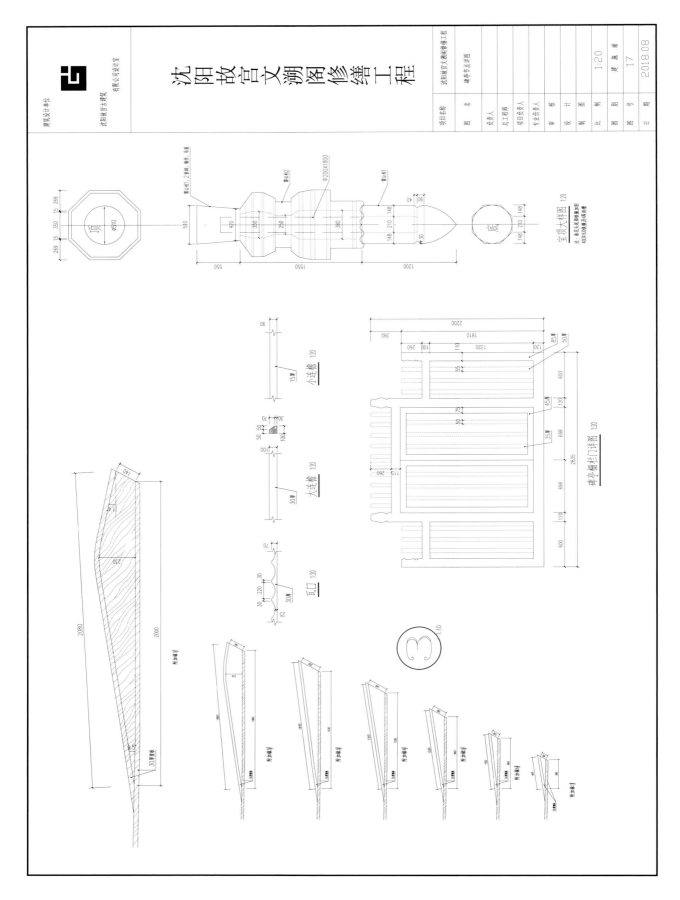

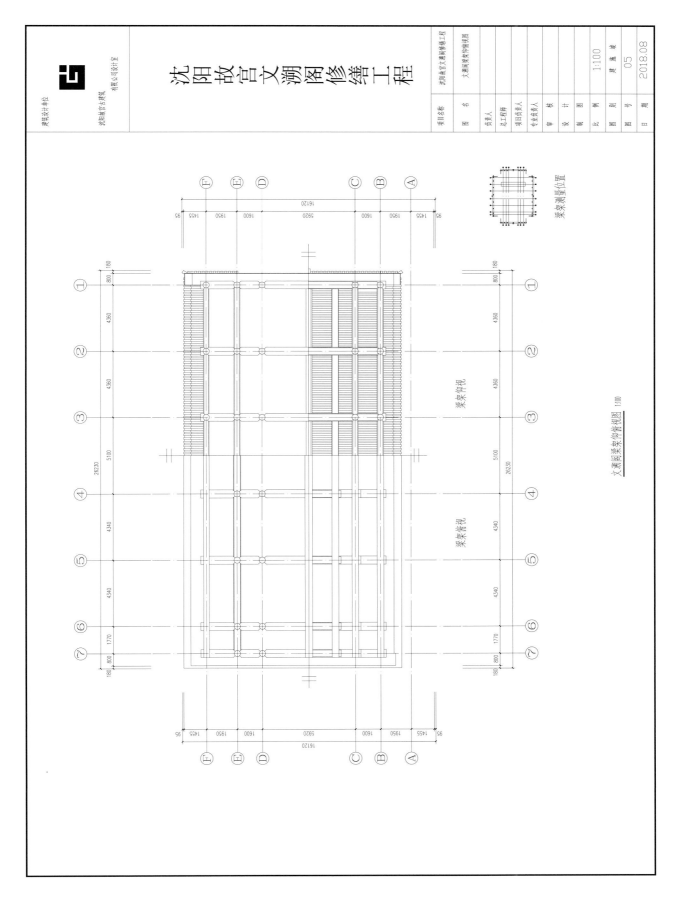

文溯阁梁架俯仰视图 1:100

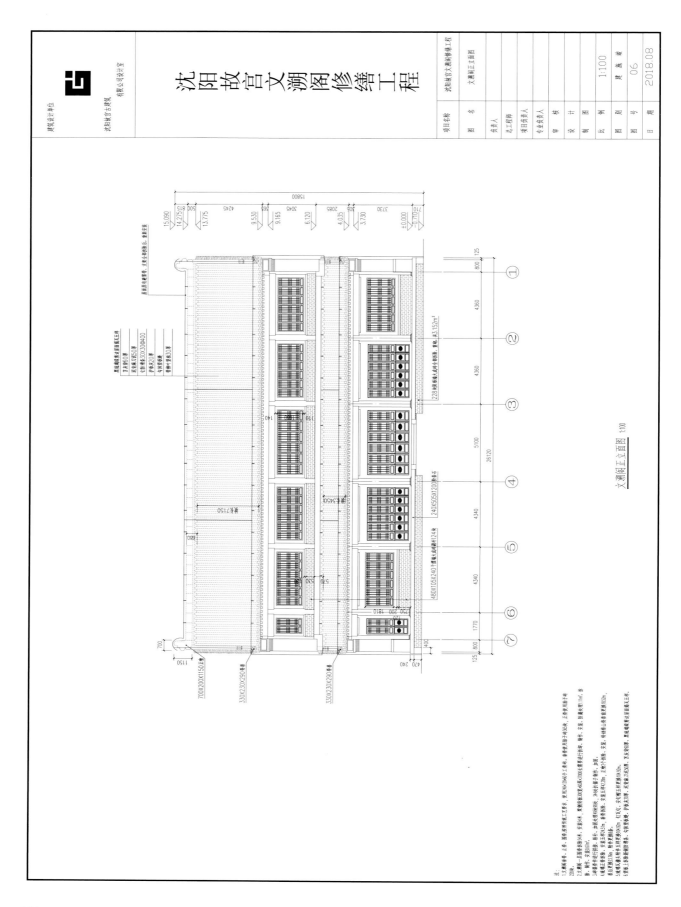

文溯阁正立面图 1:100

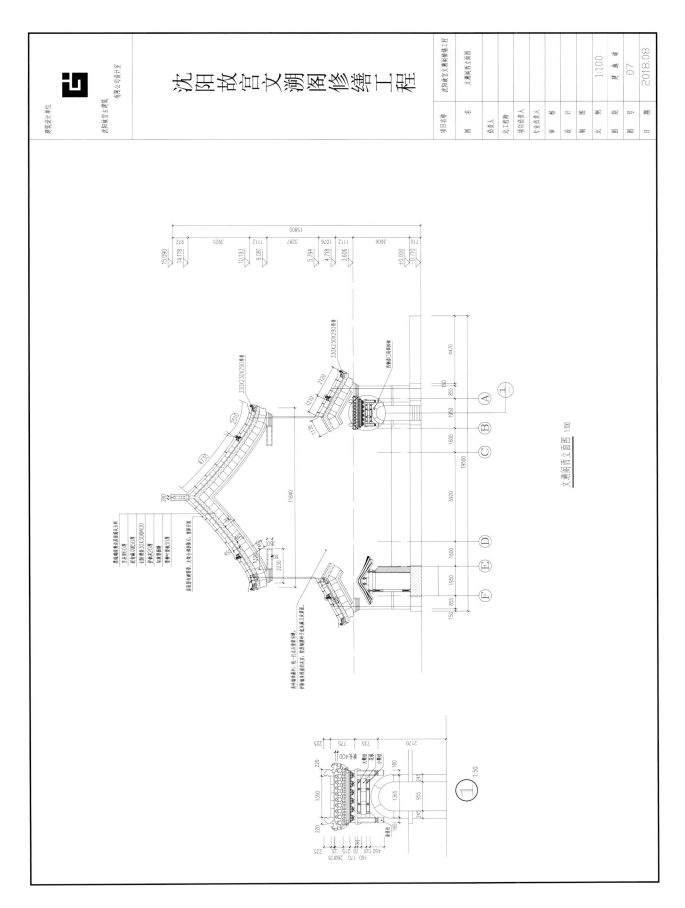

文溯阁西立面图 1:100

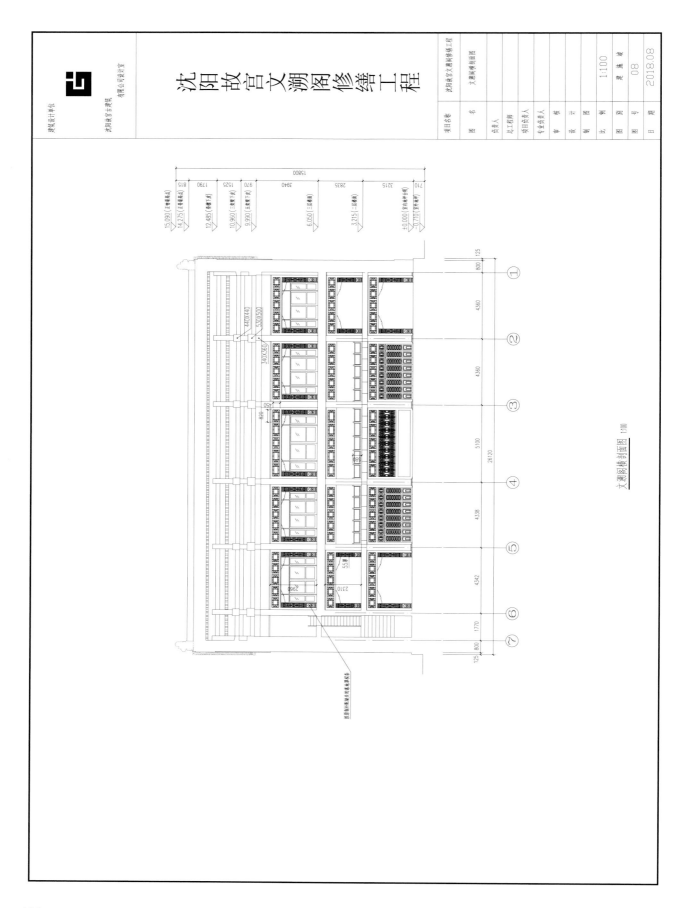

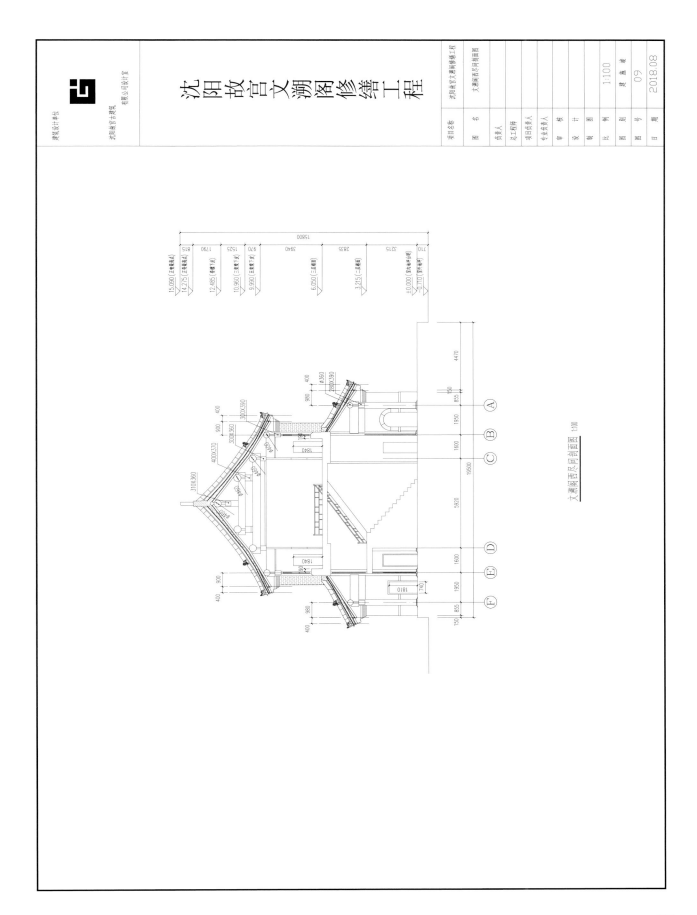

文溯阁西尽间剖面图 1:100

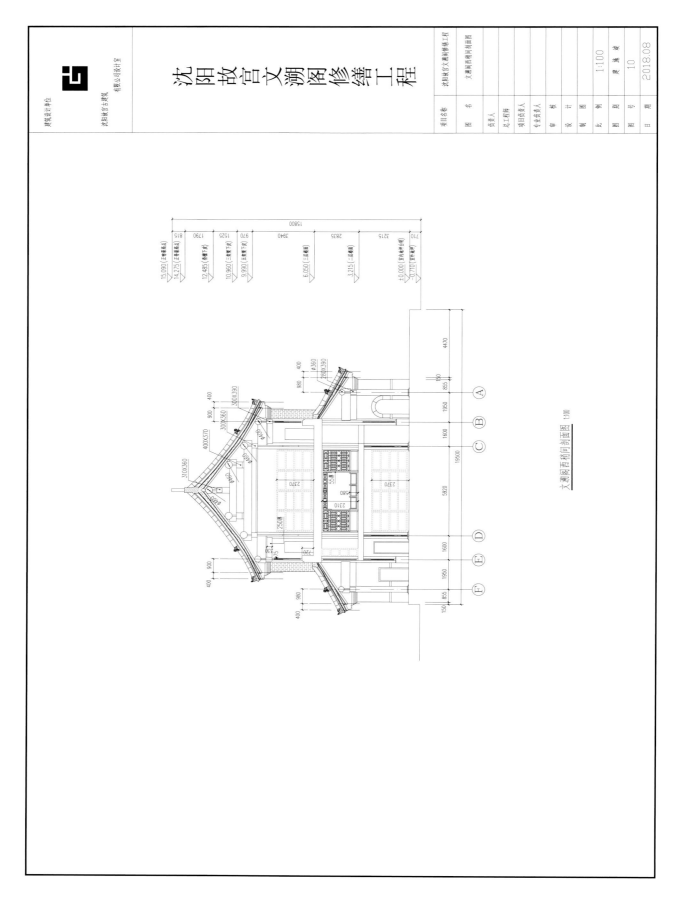

文溯阁西稍间剖面图 1:100

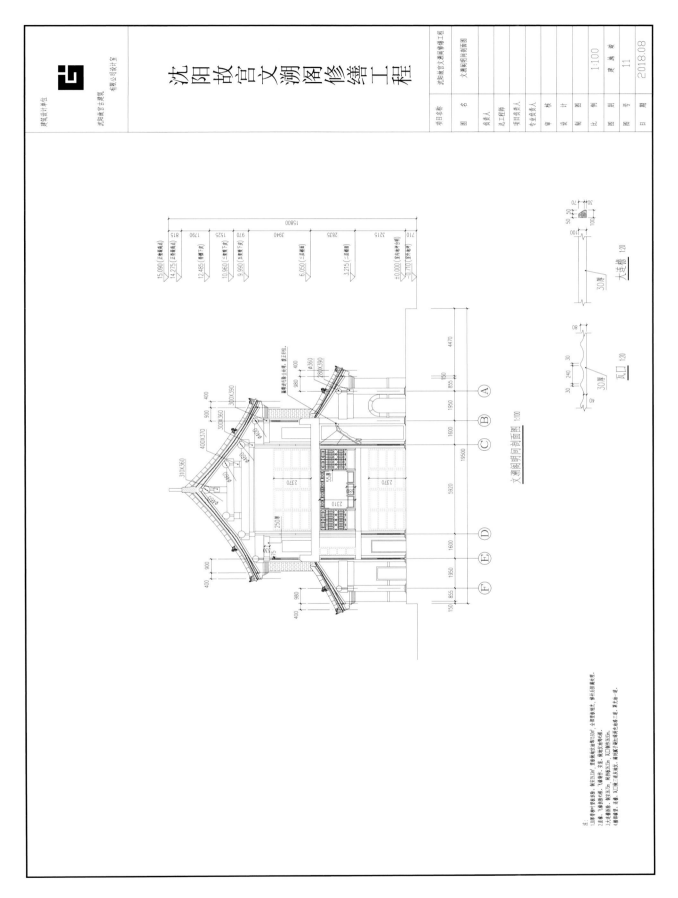

文溯阁明间剖面图 1:100

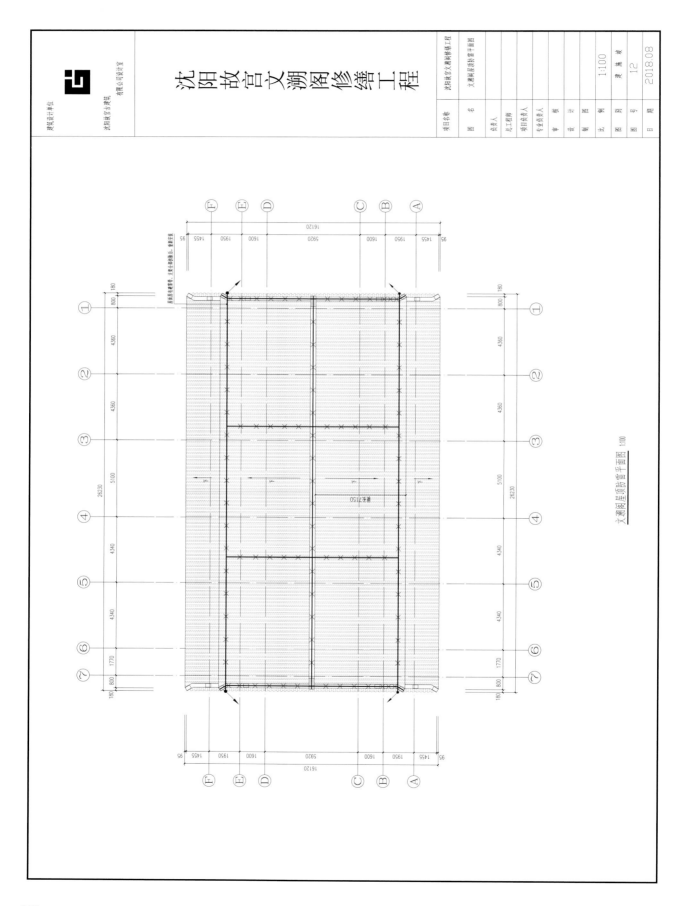

沈阳故宫文溯阁修缮工程

项目名称	沈阳故宫文溯阁修缮工程
图 名	文溯阁屋面防雷平面图
负责人	
总工程师	
项目负责人	
专业负责人	
审 核	
校 对	
设 计	
比 例	1:100
图 别	建筑
图 号	12
日 期	2018.08

建筑设计单位
沈阳故宫古建筑
有限公司设计室

文溯阁屋面防雷平面图 1:100

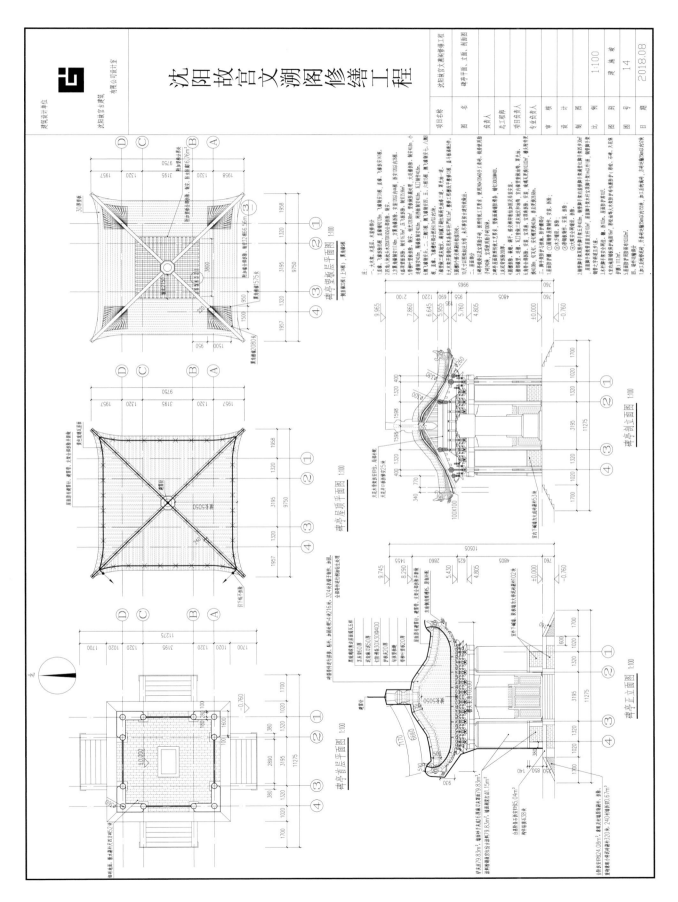

附录 D

沈阳故宫文溯阁修缮记录

表一　清代及民国时期文溯阁及其附属建筑修缮统计

时间	事件
嘉庆元年六月十日	盛京工部：为修理文溯阁瓦片脱落等工咨报由
嘉庆二年四月二十三日	盛京工部：为修理文溯阁东宫门内南看守房瓦片脱落等工咨行由
嘉庆三年三月十三日	盛京工部：为修理文溯阁宫门口看守房瓦片脱落咨行由
嘉庆四年七月二日	盛京工部：为修理文溯阁前后檐瓦片猫头等工咨行由
嘉庆五年一月二十一日	盛京工部：为修理文溯阁前后檐瓦片脱落之处咨行由
嘉庆十六年八月二十六日	盛京工部：为修理文溯阁内门扇糟朽等工咨行由
嘉庆十七年三月二十三日	盛京工部：为文溯阁顶楼檐椽损坏应修之处咨行由
嘉庆十八年三月	盛京工部：呈为现今文溯阁外围北面大墙倾倒之处修理咨行由
嘉庆十九年六月二十八日	盛京工部左清吏司：为文溯阁内南值房于何年修过查明咨覆由
嘉庆十九年八月二日	盛京工部左清吏司：为文溯阁内值房工程于二十九日兴工知照由
嘉庆二十一年九月八日	盛京工部：为查得文溯阁内墙垣鼓裂丈尺并何年月修理咨覆由
嘉庆二十二年六月十日	盛京工部：文溯阁堆拔房间究何年月日修过之处咨行由
嘉庆二十五年十月十一日	盛京工部：文溯阁为东宫门内值房坍塌咨报盛京工部由
咸丰元年三月十四日	溯阁一座五间、迪光殿一座三间、保极宫一座五间头停渗漏前后飞檐坠落瓦片破碎不齐，此三处工程尚堪设法保护。清宁宫东西配宫、继思斋、崇谟阁后七间房等十处头停倒有坍塌檩柱腐朽山墙劈裂实难设法保护。情形稍轻瓷器库一座七间头停瓦片有破碎应保护。各工共需物料匠夫银一千五百余两，所需银两请由盛京户部银库拨出，余项下动用年终归并报销
咸丰元年五月十六日	礼部侍郎广林奏，遵旨查勘盛京宫殿内继思斋等应修情形，据盛京将军奕兴奏折所称。臣伏思继思斋等四处应由盛京五部侍郎内奏请钦派一二员就近查估并拟请恭修福陵隆恩点等工承修大臣吏部侍郎明训兵部侍郎赵光会同盛京将军奕兴工部侍郎培成一并修理。仍由查估大臣一面将应修所造具丈尺做法细册奏交臣部办理择开工吉期一面造册移交承修大臣在吉期开工
咸丰二年七月二十八日	盛京将军奕兴、礼部侍郎广林、工部侍郎培成奏，奏为会同勘验大清门前照壁、文德坊、武功坊、文溯阁西北角后宅等处值宿堆房各工应修情形。共需银两二千五百七十六两等
1926 年 11 月 15 日	原院楼房并戏台游廊等共计一百四十九间，各院房工程为保存古迹，计大体依旧不动，其余各部破坏处完 全重新修理之，其不适用处改之； 房顶之瓦，除文溯阁楼上琉璃瓦全行拆除另砌外，其余各房之瓦有脱落者重新另砌，其不脱落者亦须抹灰 刷青灰浆使之焕然一新，各房门窗有破损缺少者照旧修补之； 各房门窗除第二号至十一号、十三号、十五号、十六号、二十三号六处另换玻璃外，其余各门窗完全照旧糊纸，露木处照旧样上油； 各房廊檐椽子枋梁原有绘画其颜色花卉清真者，依旧保存，其脱落者照样修补之，但红色用破殊，蓝用百顺牌，绿色用杂牌者，金用大赤金，又文溯阁匾另粘大赤金； 各柱子栏杆座板原旧披麻脱落完全照样修补之； 屋内地除一号、二号换打一、二、三洋灰地，十六号、二十三号改红松地板一寸四分，代雌雄苟上红铅油，其余各屋内地依旧修理找补之。 屋内顶棚除文溯阁楼第一层仰棚改订灰条抹灰刷花浆外，其余各仰棚照旧重新糊纸；屋内墙照旧刷糊纸，破坏处找补，各垣墙破坏处修补，然后照旧刷浆；外院改建大门，挖除积土与里院一平，然后栽树； 第一院至第六院铺砖甬路，其空地处砌花池栽树种花，临时指定； 该院原有一切之建筑物均在修理范围内。

表二　新中国成立至今文溯阁其附属建筑修缮统计

时间	事件
1951 年	筹集 1.5 万元经费，对文溯阁和敬典阁等处古建进行修缮。
1958 年	为大政殿、清宁宫、凤凰楼、太庙、文溯阁安装了避雷针。
1963 年	文溯阁上盖（两层）补瓦夹垄。
1964 年	完成文溯阁等处彩画油饰保养工程
1984 年	文溯阁屋顶翻修。
1985 年	文溯阁整修后复原开放……文溯阁铺地。
2000 年	更换文溯阁屋面瓦 30 平方米
2003 年	文溯阁屋面查补
2008 年	文溯阁外檐油饰见新
2014 年	6 月碑亭栅栏门油饰工程；10 月文溯阁前檐柱油饰工程竣工
2018 年	文溯阁屋面挑顶，更换椽飞，重做灰背、宽瓦；南北台明阶条归安，地面揭墁、踏跺拆砌；琉璃构件粘补加固；室内装修槅扇填补枝条、重新打蜡。 碑亭屋面挑顶，更换椽飞重做灰背、宽瓦；大木结构整修加固；南北台明阶条归安，重做墙面抹灰、踏跺拆砌。